多巴胺基纳米药物载体的制备及应用

李　红　著

中国石化出版社

内 容 提 要

本书介绍了以自组装为技术手段，调控分子间相互作用，构建新颖的多巴胺基纳米材料；改变组装基元类型及制备过程中的实验参数，构建不同形貌和尺寸的多巴胺基纳米材料；通过对自组装机理的深入研究，揭示构筑基元间的分子相互作用本质，从而实现对自组装过程的精准调控；最后，探索多巴胺基纳米材料在生物医学等领域的应用。

本书可供化学、材料、医学以及生命科学等相关专业科研人员阅读，也可供高等院校相关专业师生参考。

图书在版编目(CIP)数据

多巴胺基纳米药物载体的制备及应用 / 李红著 .
—北京：中国石化出版社，2021. 8
ISBN 978-7-5114-6417-0

Ⅰ. ①多… Ⅱ. ①李… Ⅲ. ①多巴胺—纳米材料
—应用—药物—制备 Ⅳ. ①TQ460. 1

中国版本图书馆 CIP 数据核字（2021）第 156166 号

中国石化出版社出版发行

地址：北京市东城区安定门外大街 58 号
邮编：100011 电话：(010)57512500
发行部电话：(010)57512575
http://www.sinopec-press.com
E-mail：press@sinopec.com
北京富泰印刷有限责任公司印刷
全国各地新华书店经销

*

710×1000 毫米 16 开本 8.25 印张 152 千字
2021 年 8 月第 1 版　2021 年 8 月第 1 次印刷
定价：46.00 元

前言

自2007年Messersmith等首次报道了仿生聚多巴胺的制备，过去的十几年时间见证了多巴胺基纳米材料的飞速发展。多巴胺不仅能够通过氧化自聚合反应在任意组成和形状的模板表面形成聚多巴胺涂层，从而制备得到各种结构的多巴胺基纳米材料，例如核/壳型纳米粒子、微胶囊、纳米管、凝胶和薄膜等；还能够通过在聚多巴胺形成过程中适应性封装客体分子，或是与其他功能性分子通过超分子相互作用或共价反应组装形成新的结构、性质和功能。多巴胺基纳米材料由于具有易修饰性、生物相容性、还原性、荧光猝灭性质以及光热转换性质等卓越的性能，在癌症治疗、传感、组织工程、抗菌、能源和环境等领域都显示出极大的应用前景。

本书以自组装为技术手段，调控分子间相互作用，构建新颖的多巴胺基纳米材料；改变组装基元类型及制备过程中的实验参数，构建不同形貌和尺寸的多巴胺基纳米材料；通过对自组装机理的深入研究，揭示构筑基元间的分子相互作用本质，从而实现对自组装过程的精准调控；最后，探索多巴胺基纳米材料在生物医学等领域的应用。

本书共分为7章。第1章概述了多巴胺基纳米材料的制备方法及其在传感、癌症治疗和催化领域的应用进展。第2章研究了聚多巴胺微胶囊的制备及其在胰岛素口服给药方面的应用。第3~5章以多巴胺和典型多金属氧酸盐磷钨酸为构筑基元，通过超分子相互作用制备花状分级纳米结构，并探索其在生物医药、催化等领域的应用前景。第6~

7章通过多巴胺与交联剂分子的共价组装制备了两种pH响应性的化疗和光动力疗法协同抗肿瘤纳米药物。本书既运用了相关的理论分析，又结合了作者的实践研究成果，突出了理论与实践相结合的特点，适用于从事生物医药纳米材料的制备及应用等研究领域的科技工作者使用。

本书在成书过程中得到了中国科学院化学研究所李峻柏研究员和贾怡副研究员的诸多指导和帮助，在此表示衷心感谢。感谢西安石油大学优秀学术著作出版基金资助出版，感谢陕西省创新人才推进计划-青年科技新星项目(2021KJXX-39)和陕西省高校科协青年人才托举计划(20190605)资助。

鉴于作者学识有限，书中难有疏漏之处，恳请读者和专家批评指正。

目 录

第1章 绪 论

1.1 引 言

多巴胺(dopamine，DA)是一种存在于中枢神经系统中的儿茶酚胺类神经递质。近年来，多巴胺作为多功能性的纳米材料构筑基元，已经发展成为纳米科学与纳米技术领域的明星分子。受到海洋生物贻贝足丝蛋白的启发，美国Messersmith研究小组首次证实多巴胺在弱碱性溶液中能够在任意组成和任意形状的材料表面形成聚多巴胺(polydopamine，PDA)涂层，如金属及其氧化物、陶瓷材料、半导体、聚合物、纳米颗粒等[1]。聚多巴胺表面富含邻苯二酚、氨基等活性基团，能够与含有巯基或醛基的分子发生迈克尔加成或席夫碱反应、与金属离子发生配位作用，在纳米材料制备与表面修饰方面显示出独特的优势。目前已经有大量研究致力于构筑丰富形貌的聚多巴胺基纳米材料，例如纳米粒子、薄膜、微胶囊、纳米管等[2, 3]。聚多巴胺还具有很多优良的性质，例如良好的生物相容性和生物降解性、强黏附性、还原性、荧光猝灭性以及光热转换性质等，使其广泛应用于癌症治疗、传感、组织工程、抗菌、能源和环境等领域[4-7]。

多巴胺作为一种多功能性的纳米材料构筑基元，除了可以通过自身的氧化自聚合反应构建纳米材料，近期有一些研究利用多巴胺与其他分子共组装制备功能性纳米材料。例如，Lee研究小组证实聚醚酰亚胺通过与多巴胺之间的化学交联作用参与聚多巴胺的形成，从而在气-水界面制备具有自修复功能、独立支撑的Janus薄膜材料[8]。与此类似，Zhou研究小组以十八烷基胺为多巴胺反应的模板，在乙醇/水混合溶剂中制备得到高度稳定的Janus纳米片[9]。Jin研究小组报道了小分子叶酸与多巴胺通过π-π堆积和氢键相互作用，共组装形成纳米纤维[10]。另一篇研究指出在羧酸化合物的存在下，如咖啡酸、反式肉桂酸和苯甲酸，多巴胺在聚苯乙烯微球表面形成草莓状颗粒[11]。除了上述胺类、羧酸化合物，Messersmith研究小组验证白藜芦醇与多巴胺二者可通过化学反应生成加合物，进而在无模板的条件下组装得到中空微胶囊[12]。这些先驱性的研究工作进一步激发了研究人员对多巴胺基纳米材料的研发。

1.2 多巴胺基纳米材料的制备

1.2.1 聚多巴胺合成参数调控

典型的多巴胺氧化自聚合反应是采用2mg/mL的多巴胺盐酸盐，将其溶解在pH=8.0~8.5的Tris[tris(hydroxymethyl)aminomethane，Tris]缓冲溶液中，并是在溶解氧气存在的条件下进行的[1]。首先，通过改变初始的多巴胺浓度可以调控聚多巴胺的沉积动力学和表面粗糙度。低浓度的多巴胺单体有利于减少聚多巴胺颗粒的形成以及颗粒间的聚集，从而降低聚多巴胺涂层的粗糙度，因此常被用于纳米材料的聚多巴胺表面修饰，例如纳米颗粒[13, 14]、纳米管[15]和纳米纤维[16]等。例如，Liu等发现在浓度为0.1mg/mL的多巴胺溶液修饰的金纳米粒子单分散性良好、表面光滑；然而当多巴胺的浓度升高至0.4mg/mL时，纳米粒子出现明显的聚集现象[17]。Ball等系统研究了多巴胺浓度对聚多巴胺沉积动力学、厚度、粗糙度、表面能和电化学等性质的影响[18]。在一定浓度范围内(0.1~5 mg/mL)加大多巴胺的浓度，聚多巴胺膜的厚度呈现逐渐增加的趋势，例如，当多巴胺浓度为0.5mg/mL时，膜厚度约20nm；当多巴胺浓度为1mg/mL时，膜厚度约为25nm；当多巴胺浓度2mg/mL时，膜厚度为25~40nm。并且，当多巴胺的浓度为5mg/mL时，膜厚度为81nm，远超过文献报道的聚多巴胺最大的膜厚度50nm [19]。一般而言，厚度较大的聚多巴胺膜比厚度小的聚多巴胺膜更为粗糙。但是研究表明，聚多巴胺涂层的表面能与多巴胺浓度关联性较小。此外，聚多巴胺膜的厚度还受到溶液中溶解氧含量以及缓冲溶液pH的影响。聚多巴胺膜厚度会随着pH从5变化到8.5而呈现逐渐增加的趋势。Yang等研究发现重复将基底浸泡在多巴胺反应液中两次或三次，可进一步增加聚多巴胺膜的厚度[20]。

然而，有些研究者指出采用Tris缓冲溶液进行聚多巴胺膜的沉积，由于Tris中含有氨基基团，其可通过物理吸附或是化学反应的形式包覆在聚多巴胺膜内部，从而影响聚多巴胺膜的物理化学性质[21]。为了避免这一问题，其他类型的缓冲溶液被用来替代Tris缓冲溶液，例如甘氨酸、磷酸盐缓冲溶液(phosphate buffered saline，PBS)[19, 22]。另外一些研究则是将水溶液体系拓展为醇-水混合体系，应用于聚多巴胺的制备。有机溶剂的使用不仅有利于均匀聚多巴胺膜或者颗粒的形成，还有利于加快基片的干燥速度、防止可水解基底的水解反应、共沉积水溶性差的功能性分子等[23]。例如，Lu 研究小组首次探索了利用乙醇、水和氨水的混合溶液，制备尺寸均匀的、约为160nm 的聚多巴胺纳米球。通过改变氨水与多巴胺的比例、反应时间等实验参数可以调控纳米球的尺寸。并且分别采用了扫描电子显微镜、紫外光谱、红外光谱、电子顺磁共振、^{13}C NMR 等表征手段研究了聚多巴胺纳米球的形貌和组成(图 1-1)[4]。Yan 等人在 Tris 缓冲溶液(10mmol/L)中分别引入不同含量的乙醇、异丙醇和乙二醇，详细研究了醇的加入对于聚多巴胺纳米粒子合成的影响，从而得到尺寸在几十到几百纳米范围内可调的均匀聚多巴胺[24]。由于聚多巴胺表面富含羟基和氨基等功能基团，使得其可作为活性模板进一步负载不同的壳层材料，进而制备 MnO_2 中空球、PDA/Fe_3O_4和 PDA/Ag 核壳结构等有机无机杂化材料。此外，利用异丙醇体系制备的聚多巴胺纳米球还被用以反应二氢卟酚 e6（chlorin e6，Ce6）[25]，与二苯丙氨酸纳米管共组装制备功能性材料[26]。

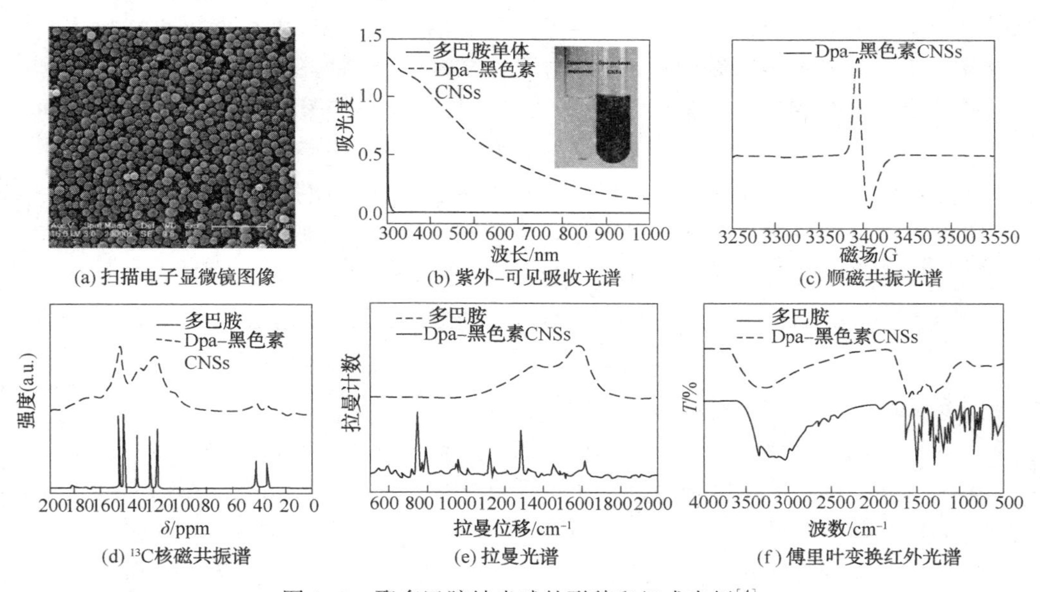

(a) 扫描电子显微镜图像　(b) 紫外-可见吸收光谱　(c) 顺磁共振光谱

(d) ^{13}C核磁共振谱　(e) 拉曼光谱　(f) 傅里叶变换红外光谱

图 1-1　聚多巴胺纳米球的形貌和组成表征[4]

Lee 等最初通过多巴胺氧化自聚合反应制备聚多巴胺时的一个重要反应条件是溶液中溶解氧气的存在[1]。氧气发挥了氧化剂的作用，能够参与到多巴胺氧化反应以及 5，6-二羟基吲哚氧化为醌类衍生物的过程。在后续的研究当中，研究人员尝试用多种氧化剂取代氧气，例如过硫酸铵、高锰酸钾、硫酸铜、高碘酸钠和高氯酸钠[27-29]。氧化剂的存在会对聚多巴胺膜沉积动力学以及膜的组成和结构产生很大的影响。例如，在高碘酸钠存在时，聚多巴胺膜的沉积速度明显加快。对于2mg/mL多巴胺和10mmol/L高碘酸钠的反应体系，经过2h的反应，聚多巴胺膜的厚度可达100nm[29]。与此相对比，在典型的Tris缓冲溶液中，溶解氧引发的2mg/mL多巴胺反应，经过16h的氧化反应仅能形成40~45nm厚度的聚多巴胺膜[1]。Hong等通过优化溶液的酸碱度、多巴胺的浓度以及高碘酸钠和多巴胺的用量之比，也实现了室温下快速制备聚多巴胺涂层(>50nm)[27]。此外，由于以高碘酸钠为氧化剂制备得到聚多巴胺膜的表面上存在大量羧酸基团，其亲水性比溶解氧气体系的膜有显著改善。另一个研究报道了以过硫酸铵和铜离子作为反应氧化剂时，聚多巴胺的沉积反应甚至能够在酸性条件下进行，并且薄膜厚度远大于在碱性环境中溶解氧存在下制备得到的聚多巴胺膜[19]。另外一种氧化剂——过氧化氢，其不仅能够促进多巴胺的聚合反应，还能够显著改善聚多巴胺材料的荧光性质[30, 31]。聚多巴胺材料一般认为是一种荧光猝灭材料，然而过氧化氢的加入能够减弱聚多巴胺寡聚物之间的堆积结构，从而赋予聚多巴胺纳米粒子荧光性质。

除了化学氧化剂、生物酶[32]可促进多巴胺的反应，紫外线照射可以产生自由基，从而影响聚多巴胺的形成[33-35]。实验表明，这种光诱导方法在弱酸性到碱性的范围内是都是有效的。该反应的主要优点是反应开始和终止时间高度可控，有利于在基底沉积特定厚度的聚多巴胺薄膜。Shafiq等使用硝基多巴胺衍生物作为反应原料，其含有的邻硝基苯基乙基基团，在光照作用下能够可逆断裂，从而使得形成的聚多巴胺薄膜对光照响应，为材料表面性质的调控提供一个新的方法[36]。另一个有趣的研究工作采用长波紫外线照射辅助合成了具有荧光特性的聚多巴胺核壳结构[37]。紫外线照射可能是诱导了无环儿茶酚胺单元氧化形成环状的5,6-二羟基吲哚(5,6-dihydroxyindole，DHI)，而还原态的5,6-二羟基吲哚二聚体具有显著的荧光发射性能(图1-2)[38]。

此外，使用其他类型的外部能量，例如微波、电能等，也能够促进聚多巴胺生成。例如，在常规的碱性条件下制备厚度为18nm的聚多巴胺涂层需要几个小时，然而在微波辅助下仅需要15min即可制备同样厚度的薄膜[39]。在微波存在下，振动引发加热机制使得氧张力增加，从而发挥促进聚多巴胺快速沉积的作用。此外，通过微波热引发的沸腾除去溶液中溶解氧可终止聚多巴胺的形成，进一步证实了氧气在多巴胺氧化自聚合反应中的重要性。另一个研究工作利用电能在电极上原位催化聚多巴胺涂层的制备[40]。在一定的化学电势作用下，能够在除氧的溶液中通过电聚合的方法制备聚多巴胺，其直接沉积在电极表面形成涂层。在同样的初始多巴胺反应浓度条件下，利用该方法制备得到的聚多巴胺薄膜比采用常规的碱性溶液更厚。

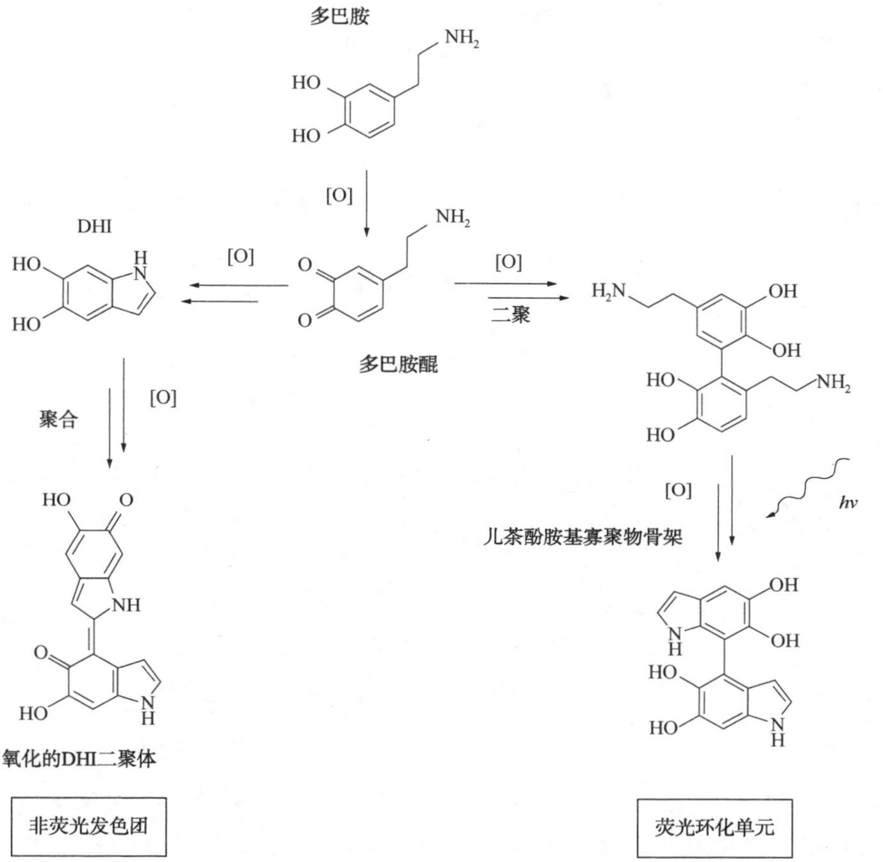

图 1-2　紫外线照射辅助合成荧光聚多巴胺的机理示意图[37]

1.2.2　与功能性分子共组装

随着对多巴胺基纳米材料的深入研究，人们发现单一的聚多巴胺材料很难满足多样化的应用需求。因此，聚多巴胺更多的是扮演一种黏附剂的角色，从而在各种基质表面修饰其他功能性分子。一方面，聚多巴胺能够与含有氨基或是巯基基团的分子发生席夫碱或是迈克尔加成反应，从而进一步对聚多巴胺材料进行功能性修饰；另一方面，可以在多巴胺反应溶液中掺杂功能性分子，从而使其能够在聚多巴胺形成过程中封装进入聚多巴胺材料中，从而通过一步反应实现聚多巴胺辅助的功能性分子共组装。与后修饰策略相比较，聚多巴胺辅助共组装可以在沉积过程中同时实现聚多巴胺材料的功能化，极大地简化了修饰过程。目前，研究人员利用该方法成功构建了多种分子功能化的多巴胺基纳米材料，例如聚合物、蛋白质[41]、脂类[42]、DNA[43]、阿霉素（doxorubicin，DOX）[44]、C_3N_4[45]、

$CaCO_3$[46]和羟基磷灰石[47]等(图 1-3)。这些分子有的能够通过形成化学键参与聚多巴胺的形成，有的能够抑制多巴胺的氧化自聚合反应，还有的分子能够通过与多巴胺的共组装形成新颖的多巴胺基纳米材料。

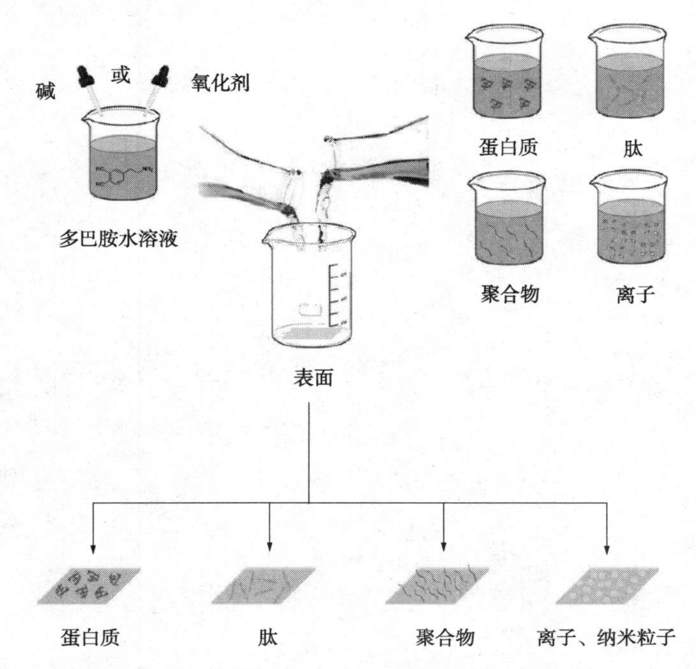

图 1-3　一步共组装策略制备多巴胺基复合纳米材料过程示意图[23]

Zhang 等首先利用聚多巴胺辅助的共沉积方法在二氧化硅基底上修饰了非离子型聚合物，例如聚乙二醇(poly ethylene glycol，PEG)、聚乙烯醇(poly vinyl alcohol，PVA)和聚乙烯吡咯烷酮(poly *N*-vinyl pyrrolidone，PVP)[48]。研究发现，相对较弱的氢键能够促进聚多巴胺和聚合物的共沉积，如 PVA 和 PEG。然而，PVP 和多巴胺之间存在的强氢键会影响多巴胺本身的氧化自聚合反应，从而抑制聚多巴胺的形成。根据这一原理，包括右旋糖酐[49]和透明质酸[50]在内的多羟基糖类化合物也可以通过一步法负载在聚多巴胺膜中。此外，Zhang 等还研究了聚(*N*-异丙基丙烯酰胺)(poly *N*-isopropylacrylamide，pNiPAAm)和聚多巴胺在平面基底及胶体基底上的共沉积行为[51]。使用不同尺寸的二氧化硅模板制备得到不同组成的 pNiPAAm/PDA 混合微胶囊的渗透性呈现相反的变化趋势。另外一种含有氨基的聚合物——聚乙烯亚胺(poly ethlyenimine，PEI)，在与多巴胺共沉积时，不仅能够与多巴胺形成共价键参与聚多巴胺的形成，还能够与聚多巴胺共组装形成荧光性的纳米颗粒。Lee 研究小组利用 PEI 与聚多巴胺的共组装在气-水界面处制备得到了独立的、刺激相应性的、自愈的 Janus 聚多巴胺薄膜。利用这一方法，其他含有氨基的分子，例如己二胺[52, 53]、硒代胱胺[54]、乙二胺[55]和硬脂胺[9]，其也被证明能够参与聚多巴胺的形成从而得到新型的多巴胺基纳米材料。进一步，利用 PEI 与多巴胺水溶液的共混合，Liu 等成功制备了荧光有机纳米粒子[56, 57]。PDA-PEI 复合纳米粒子在 340~480nm 激光的照射下能够发射强的绿色荧光。其中，PEI 与多巴胺发生席夫碱或是迈克尔加成反应，从而降低了聚多巴胺寡聚物之间的 π-π 堆积作用，是赋予聚多巴胺基纳米粒子荧光性质的关键原因。

生物分子，例如蛋白质[58]、多肽[59]、脂类[42]等，也可通过聚多巴胺辅助封装的方式形成多巴胺基复合纳米材料。Chassepot 等发现在 Tris 缓冲液中(50mmol/L，pH=8.5)，人血清白蛋白(human serum albumin，HSA)的加入能够减慢聚多巴胺的形成速度，进而减小 24h 反应后聚多巴胺纳米粒子的尺寸[60]。另外一些蛋白质，如鸡蛋清溶菌酶和牛乳清蛋白，则不会对聚多巴胺的形成及聚集体尺寸产生影响，不会阻止聚多巴胺在固-液界面处的沉积。在另外一个有趣的研究中，Wu 等首先将葡萄糖氧化酶(glucose oxidase，GOx)负载在金属有机骨架配合物(metal-organic framework，MOF)的纳米晶体中，然后将这种负载了葡萄糖氧化酶的 MOF 纳米晶体与多巴胺的 Tris 溶液相混合并反应 24h，从而制备得到微米尺寸的 PDA@GOx/ZIF-8 复合材料[61]。为了研究蛋白质与聚多巴胺共沉积的作用机制，Ball 研究小组分别使用含有赖氨酸与谷氨酸片段的多肽与多巴胺共沉积。研究发现，这两种酸的二联体对多巴胺的氧化自组装反应具有特殊的调控作用[59]。分子动力学模拟证实邻苯二酚的羟基基团与谷氨酸羧基基团之间的氢键以及邻苯二酚的芳香环与赖氨酸的氨基之间的阳离子-π 相互作用在调控多巴胺的氧化及自组装方面发挥了重要的作用。

一些含有羧基官能团的有机小分子对于聚多巴胺组装体的形成及形貌也有特殊的调控作用，例如叶酸和咖啡酸等。Jin 研究小组开创性地发现叶酸分子能够辅助形成聚多巴胺纳米纤维和纳米带[62, 63]。首先，分别溶解低浓度的叶酸(0.15mg/mL)和多巴胺(0.3mg/mL)，并在 60℃ 环境中反应 1h。之后，在上述混合溶液中加入 Tris 缓冲溶液(10mmol/L，pH=8.8)从而引发多巴胺的氧化自聚合反应。随着氧化反应时间从 1h 变化到 30h，产物的形貌逐步从纳米带转变为卷曲的纳米纤维。需要指出的是，该实验纳米纤维形成的一个条件是需要在黑暗环境下反应以防止叶酸的光降解。叶酸与多巴胺通过 π-π 堆积形成了类似石墨的结构，从而增强了聚多巴胺寡聚物的有序堆积，最终形成纳米纤维结构。除了叶酸分子，Kohri 等报道了其他含有羧酸的小分子，如咖啡酸、反式肉桂酸、原儿茶酸和苯甲酸等，对于聚多巴胺聚集体形貌的影响[64]。在这些小分子的存在下，多巴胺能够在水和甲醇的 Tris 混合溶剂中在聚苯乙烯颗粒表面形成草莓状粒子。

多巴胺及聚多巴胺寡聚物中含有的氨基与羧酸化合物中的羧基通过氢键形成复合物，从而促使草莓状颗粒物的形成。

此外，还有一些研究关注无机物如 C_3N_4[45]、$CaCO_3$[46]和羟基磷灰石[47]与聚多巴胺材料的共组装行为。由于与经典的二氧化硅纳米粒子的 Stöber 合成方法类似，聚多巴胺的制备体系也可采用乙醇-水混合溶剂，并以氨作为反应的催化剂，因此研究者们试图将硅烷的水解缩合反应与多巴胺的氧化自聚合反应同时进行，探索构筑新型的多巴胺基有机无机杂化纳米材料。例如，Zheng 等采用十六烷基三甲基溴化铵(cetylmethylammonium bromide，CTAB)、四乙氧基硅烷(tetraethyl orthosilicate，TEOS)、NH_4OH 和多巴胺为反应物，通过一步法在 70°C 条件下反应 24h 制备得到直径为 70nm 的多巴胺-介孔二氧化硅复合纳米粒子[65]。如果将多巴胺替换为其他多酚类物质，如没食子酸(epigallocatechin gallate，EGCG)或者单宁酸(tannic acid，TA)，将会产生明显的相分离现象，不会产生均匀的纳米粒子。因此，聚多巴胺的邻苯二酚基团与硅酸之间的协同分子相互作用，对于硅酸缩聚过程的延缓以及二者的共组装具有十分关键的作用。与此类似，后面的一些研究工作分别采用不同的硅烷，例如 γ-缩水甘油醚氧丙基三甲氧基硅烷[γ-(2, 3-epoxypropoxy)propytrimethoxysilane，KH560][66]、十二烷基三甲氧基硅烷(dodecyltrimethoxysilane，DTMS)[67]、十六烷基三甲氧基硅烷(hexadecyltrimethoxysilane，HDTMS)[68]和 γ-氨丙基三乙氧基硅烷(γ-aminopropyl triethoxysilane，γ-APTS)[69]，与多巴胺的氧化自聚合反应协同修饰聚偏二氟乙烯、甲醛树脂、聚氨酯、碳海绵、铜海绵、聚丙烯膜和滤纸等基底材料。

1.2.3 模板组装法

另外一种丰富多巴胺基微纳米材料种类的方法是模板组装法。由于聚多巴胺具有独特的黏附性质和成膜能力，能够在任意组成和形貌的模板表面形成聚多巴胺涂层。依据模板尺寸和形状的不同，从而制备得到从纳米到宏观尺寸的多种结构的多巴胺基材料，例如核/壳型纳米粒子、微胶囊、纳米管和多孔结构等[70-76]。Caruso 研究小组分别使用不同的纳米粒子作为硬模板，包括二氧化硅、聚苯乙烯和碳酸钙微球，之后采用合适的试剂去除模板，制备得到了一系列的聚多巴胺微胶囊[31, 77]。通过改变二氧化硅模板的尺寸和孔结构、反应时间、反应物浓度和酸碱性，可以很容易地调控聚多巴胺微胶囊的尺寸和厚度。进一步采用 H_2O_2 处理上述制备的聚多巴胺微胶囊，能够得到荧光性的聚多巴胺微胶囊。这种聚多巴胺微胶囊的荧光性质与酸碱度有很大的关系，在酸性 pH=3 时荧光强度最高。但是，过量的 H_2O_2 处理可能会使聚多巴胺结构降解、不稳定性增加，致使更长的反应时间得到的微胶囊荧光强度反而降低。在进行药物输送等方面的应用时，荧光性聚多巴胺微胶囊有利于采用荧光显微镜对药物输送过程进行跟踪并研究其与细胞之间的相互作用。

采用无机硬模板能够精确控制微胶囊的形态，但是去除硬模板通常需要有机溶剂或者酸等苛刻的化学试剂，这可能阻碍化学敏感材料的进一步应用。因此，一些研究采用功能性的颗粒作为硬模板共同形成终产物，如具有催化活性或是磁性的颗粒[78]或者发挥结构稳定的作用[79]。另一方面，软模板如表面活性剂液滴和聚合物胶束，可以通过萃取、蒸发或使用选择性溶剂溶解等温和条件下去除，并且这些软模板通常会产生多级的纳米结构，如中空或多孔颗粒。因此，研究人员尝试将软膜板应用于聚多巴胺功能材料的制备。其中，胶束由于具有高度可调的孔结构，广泛应用于指引聚多巴胺材料的组装。该过程主要包括三个步骤：①采用表面活性剂或嵌段聚合物形成胶束；②胶束与多巴胺及其寡聚物之间相互作用形成胶束-寡聚物复合物；③聚多巴胺寡聚物进一步交联形成胶束-聚多巴胺复合材料。当然，这几个步骤并不一定是完全独立的，可能会交叉进行。例如，Chen 等采用乳液导向策略，通过普朗尼克 F127、均三甲苯、多巴胺在乙醇-Tris 混合溶剂中共混合反应，成功制备了直径为 90nm 包含 5nm 径向介孔以及空穴的介孔聚多巴胺纳米粒子[80]。该方法制备出的纳米粒子表现出极大地罗丹明 B 吸附量(1100μg/mg)，能够进一步负载药物阿奇霉素应用于生物医药领域[81]。在此基础上，研究人员通过采用两种类似表面活性剂(普朗尼克 P123 和普朗尼克 F127)和均三甲苯，实现了胡桃样介孔聚多巴胺颗粒的组装(图 1-4)[74]。利用该方法得到的纳米粒子，直径大约为 270nm，具有双连续通道，并且孔径尺寸分布在 20~95nm 的范围内。经过进一步的氮气氛高温热处理，植被得到连续介通道在 13~50nm 的胡桃样介孔碳粒子材料。这种方法为多巴胺基介孔材料的制备提供了一个新方法，有望应用于催化、染料吸附、电化学和生物医药等领域[78]。

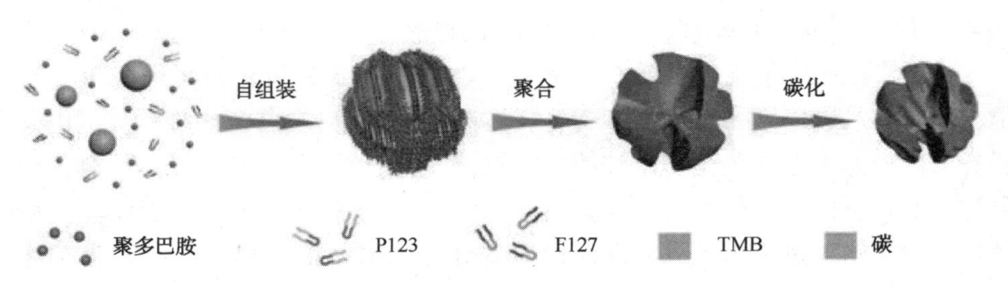

图 1-4　胡桃样介孔聚多巴胺颗粒基础的介孔碳粒子材料的组装过程示意图[74]

1.3 多巴胺基纳米材料的应用

1.3.1 传感

荧光传感器具有高度灵敏、选择性好、不受光散射干扰以及易于制备等优点，而广泛应用于金属离子和生物分子的检测分析。聚多巴胺由于自身的吸收光谱覆盖整个紫外-可见光和近红外光范围，是一种非常有效的荧光猝灭剂，可猝灭其吸附染料分子的荧光，如氨基甲基香豆素乙酸酯、6-羧基四甲基罗丹明、6-羧基荧光素和Cy5等。因此，任何可影响多巴胺与染料分子结合或是多巴胺氧化自聚合反应的分子和离子均可通过荧光传感法进行检测[3]。若是把染料分子交联到单链脱氧核糖核酸(singlestrand DNA，ssDNA)的5′或3′末端，再将脱氧核糖核酸与聚多巴胺纳米粒子相结合，那么染料上的荧光分子就会被淬灭[82]。当待测物互补的ssDNA链出现，并与上述ssDNA结合，纳米二者就会从聚多巴胺球上脱离，染料分子的荧光相应地得以恢复。利用该方法可检出互补DNA链的浓度，低至0.1nmol/L。基于类似的道理，Ma等将异硫氰酸荧光素(fluorescein isothiocyanate，FITC)修饰的ssDNA与多巴胺共混合，在没有抗氧化剂存在时，两种物质会共组装形成猝灭荧光的聚多巴胺球[83]。但是，当抗氧化剂如谷胱甘肽、抗坏血酸、半胱氨酸和高半胱氨酸存在时，多巴胺的氧化自聚合反应会受到阻碍，从而定量地保留FITC的荧光性质，以此为基础可实现对抗氧化剂的定量分析。这种方法能够实现对谷胱甘肽在50nmol/L~10μmol/L线性范围内进行定量分析，检出限为16.8nmol/L。Wang等采用转换荧光纳米粒子取代上述染料分子，利用抗氧化剂与多巴胺之间的相互作用，同样实现了抗氧化剂的定量检测[84]。此外，利用染料标记的核酸适配体与聚多巴胺球之间的相互作用，还能够实现对三磷酸腺苷(adenosine triphosphate，ATP)的检测分析[85]。

除了广泛应用于生物分子的检测，多巴胺基纳米材料还被用来分析金属离子，例如Cu^{2+}、Fe^{3+}、Hg^{2+}、Cr^{6+}等[86-88]。Wang等通过微等离子体诱导的电聚合制备了直径为3.1nm的聚多巴胺纳米颗粒，并应用于U^{6+}离子的传感检测，检测限为2.1mg/mL[89]。在加入U^{6+}离子后，荧光寿命没有明显变化，因此猝灭机理是基于静态猝灭过程。此外，聚多巴胺的邻苯二酚基团可能是作为双齿配体与U^{6+}形成了螯合物，这也进一步促进了聚多巴胺纳米粒子的聚集。当然，这种U^{6+}与聚多巴胺配位的假说需要进一步通过理论和实验去验证。此外，Xiong等利用多巴胺寡聚体与Fe^{3+}阳离子进行特异性相互作用(与Ag^{+}、Ca^{2+}、Mg^{2+}、Zn^{2+}、

Cu^{2+}、Fe^{2+}、Hg^{2+}、Pb^{2+}、Ni^{2+}、Cr^{3+}和Y^{3+}相对比），成功实现在0.1~100μmol/L浓度范围内对Fe^{3+}的荧光猝灭型检测[90]。

生物光学成像由于其检测仪器发展成熟、灵敏度高、对比度高、分辨率高、成像直观、成像速度快和无损探测等优点而被广泛应用。其在探寻疾病的发病机理、临床表现、基因病变，了解相应的生理学和病理学信息，疾病诊断和新的医疗手段的开发等方面具有重要的实践意义和应用前景。生物光学成像是指利用光学的探测手段结合光学探测分子对细胞或者组织甚至生物体进行成像，以获得其中的生物学信息的方法。根据检测方法的区别，可分为荧光成像和光声成像、生物发光成像和光学层析成像等[91-93]。其中，基于荧光的生物成像是采用具有高灵敏度、高选择性和多功能性的荧光探针、荧光标记或相关荧光纳米材料对生物物质进行成像[94]。最近，基于聚多巴胺的荧光纳米材料为生物成像提供了新的可发展机遇。Zhang 等首先报道了采用H_2O_2诱导的聚多巴胺荧光有机纳米粒子的制备[30]。利用该方法，可制备得到直径和长度分别约为150nm和600nm的蠕虫状纳米粒子。随着激发波长从360nm逐渐增加到500nm，聚多巴胺纳米粒子的发射峰值也向长波长方向移动。该纳米粒子能够成功被细胞内吞，并在405nm和458nm的激光照射下分别发出绿色和黄绿色荧光，有效实现对细胞的体外观察。在此研究的基础上，Ma 等最近报道了一种通过H_2O_2氧化后聚合改性方法制备荧

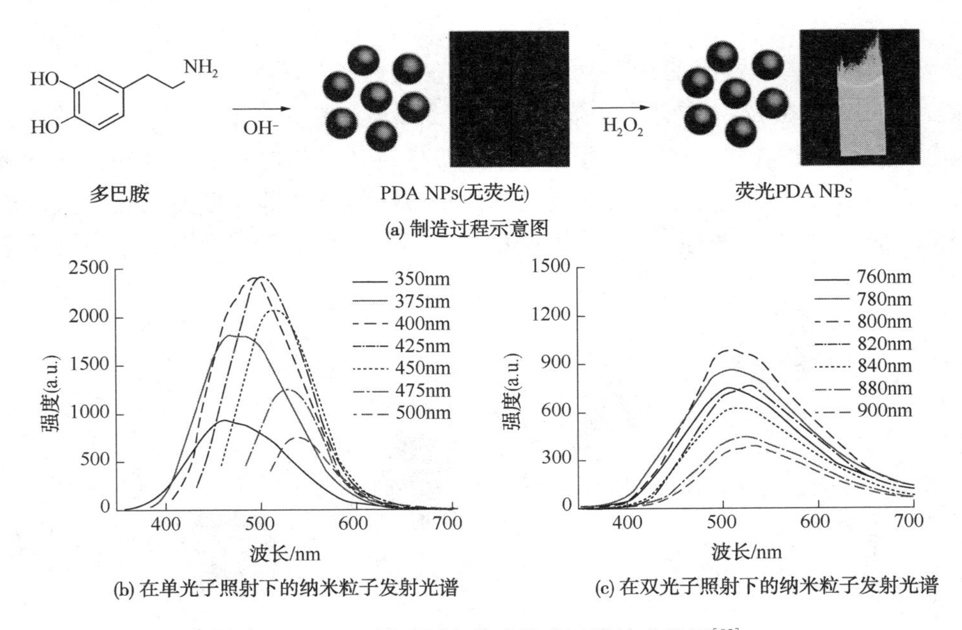

图1-5　H_2O_2辅助制备荧光聚多巴胺纳米粒子[95]

光聚多巴胺纳米粒子[图 1-5(a)][95]。更为有趣的是，合成的聚多巴胺纳米粒子不仅可以吸收一个光子，而且还能够同时吸收两个光子，显示了双光子荧光特性如图 1-5(b)和图 1-5(c)所示。在不同的长波长光源激发下，纳米粒子会在530nm 左右显示出宽的发射峰[图 1-5(c)]，双光子量子产率约为 6.4%。与传统荧光相比较，双光子荧光吸收光为近红外光，使得活体组织的成像深度可达1mm，极大地拓展了聚多巴胺纳米粒子成像的使用范围。

1.3.2 癌症治疗

癌症严重威胁着人类的生命和健康。目前的癌症治疗手段主要包括手术、化疗和放射疗法，其中后面两种方法对正常组织和器官具有严重的副作用。基于纳米粒子的药物递送系统，由于其能够有效避免药物过早降解、实现目标药物靶向递送和可控释放、控制药物分布剖面，在癌症治疗中显示出巨大潜力[96]。聚多巴胺可以容易地构筑形成各种纳米结构，具有可控的表面积和可调的表面性质，并且还能够提供芳环、氨基和羟基等丰富的活性位点，有利于通过 π-π 堆积或者氢键结合药物分子，广泛应用于抗癌药物的递送[97-99]。目前，已经有多种抗肿瘤药物通过多巴胺基纳米结构成功输送到肿瘤部位，应用于抗肿瘤治疗，例如阿霉素[100]、7-乙基-10-羟基喜树碱[101]、硼替佐米(Bortezomib，Btz)[102]、特比萘芬[103]、二氢青蒿素[104]、紫杉醇[105]等。例如，通过简单地将聚多巴胺与抗癌药物在水溶液中共孵育，聚多巴胺聚乙二醇微球可以很容易地负载阿霉素和 7-乙基-10-羟基喜树碱两种药物分子，并在酸性条件下对药物分子响应性释放[101]。Liu 等在 Fe_3O_4纳米粒子表面包被聚多巴胺壳层，然后将其用作硼替佐米的载体，从而控制药物释放行为[102]。Cui 等使用二甲基二乙氧基硅烷液滴乳液作为软模板，成功制备了尺寸为 400nm～2.4μm 的单分散性聚多巴胺纳米胶囊(图 1-6)[106]。进一步通过硫醇-儿茶酚反应交联巯基化聚(甲基丙烯酸)-阿霉素

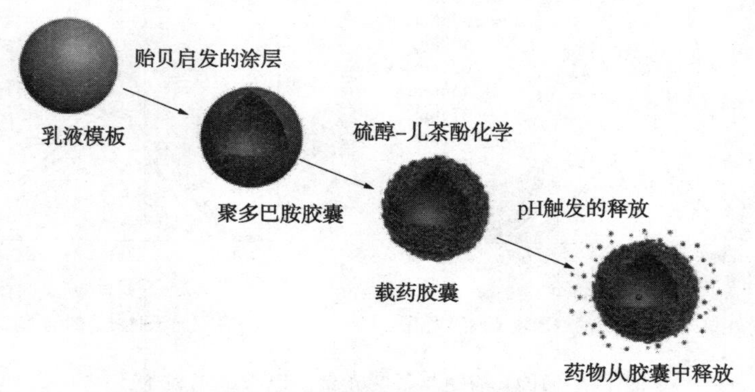

图 1-6 乳液模板法制备聚多巴胺纳米胶囊[106]

偶联物，药物负载量高达 557.8mg/g，是单纯聚多巴胺纳米粒子的 5.7 倍。Wu 等使用聚多巴胺壳层包封载有阿霉素的金属有机框架药物载体，显著降低了金属有机框架的分解，而且有利于药物分子的缓慢释放[107]。

光热疗法(photothermal therapy，PTT)是利用具有较高光热转换效率的材料，将其注射入人体内部，并在外部光源(一般是近红外光)的照射下将光能转化为热能以杀死癌细胞的一种治疗方法[5]。与传统技术相比，光热治疗的治疗效果只发生在肿瘤部位，有效避免了杀死正常细胞和破坏免疫系统的风险，是一种非侵入性和选择性的癌症治疗方法。在光热疗法的机理中，光热剂和近红外激光是关键组分[108-110]。因此，新型光热剂的研发一直是光热疗法领域的研究热点。其中，聚多巴胺具有更好的生物降解性、生物相容性和可忽略的长期毒性，吸引了研究者们强烈的研究兴趣。Lu 研究小组首次证明了聚多巴胺具有从紫外到近红外波长的宽范围吸收，并且呈现 40%的光热转换效率，远高于常规和广泛使用的金纳米棒(22%)[4]。使用 50μg/mL 的聚多巴胺纳米粒子，在 808nm 激光照射 5min，几乎全部的 4T1 细胞和 HeLa 细胞都能够被有效地杀死。经过 10 天的纳米粒子光热治疗，4T1 肿瘤型 Balb/c 小鼠肿瘤组织被彻底消除。然而，高功率密度的激光照射(808nm，>2W/cm^2)是未修饰的聚多巴胺纳米粒子应用于光热治疗所必需的，但是这种强烈的辐射会损害正常组织，引起毒副作用[111-113]。将另外一种光热剂吲哚青绿与聚多巴胺纳米粒子相结合，是降低光热疗法激光能量密度的有效策略[111-113]。与单纯的聚多巴胺纳米粒子比较，负载吲哚青绿的聚多巴胺-Fe^{3+}纳米粒子在低能量密度(808nm，1.0W/cm^2，10min)激光照射下的近红外吸收增加约 6 倍，温度可达 55.4℃。此外，采用聚多巴胺包覆磁性纳米粒子得到的核壳结构，也表现出增强的近红外吸收和高效的局部热效应(>50℃)，从而杀死肿瘤细胞[114]。

光动力疗法(photodynamic therapy，PDT)是另一种新兴的基于光的肿瘤治疗方法，具有毒副作用小、可控性强、低长期发病率等特点。光动力疗法包含三个主要成分：光热剂、光和氧气。其基本原理是光敏剂在光照作用下与氧气发生相互作用产生活性氧物种(reactive oxygen species，ROS)，从而杀死肿瘤细胞[115]。肿瘤微环境(tumor microenvironment，TME)，由于肿瘤细胞大量增殖和异常血管生成消耗过多的氧气而处于乏氧状态，严重抑制了光动力疗法的治疗效果[116]。为了改善这种情况，Cao 等通过 Pt 纳米颗粒、光敏剂吲哚菁绿和聚多巴胺共组装构建了功能性纳米平台[117]。其中，Pt 纳米粒子能够催化肿瘤微环境中过表达的 H_2O_2转化为 O_2，改善肿瘤缺氧微环境，提高光动力疗法的治疗效率。进一步结合聚多巴胺发挥的光热疗法，该系统实现了 PTT 和 PDT 协同高效抗肿瘤的治疗效果。此外，改善光动力疗法缺氧环境的另一个策略，是利用一个策略是在纳米平台中引入血红蛋白，生理性氧转运金属蛋白，从而增加氧气的输送[118]。Liu等采用重组红细胞膜包被聚多巴胺-血红蛋白-亚甲基蓝纳米粒子[119]。其中，血红蛋白能够原位供给光动力疗法所需的氧气。但是血红蛋白在血液循环系统易于氧化，从而丧失原有的供氧功能。在这个体系中，聚多巴胺中富含邻苯二酚还原性基团，能够保护血红蛋白免受外界因素的氧化作用，发挥抗氧化剂的功效。活体实验证明，这种杂化纳米体系表现出增强的光动力疗效，实现了肿瘤的完全消除。

目前，癌症的治疗方法逐渐从单一疗法转移到联合治疗，以增强治疗结果。通过整合两种或者更多的治疗方法于一体，能够发挥出比单一疗法更强的疗效。其中，化疗-光热疗法协同治疗是一种广泛研究的、有潜力的双模态联合疗法。例如，Li 等制备了葡萄糖功能化的聚多巴胺纳米粒子，并进一步通过硼酸酯键负载抗癌药物硼替佐米(图 1-7)[120]。研究发现，化疗-光热联合治疗可以促进光转化为热以及光刺激下的药物可控释放，从而诱导肿瘤生长抑制率为~104.7%，同时减小毒副作用。Mrõwczynski 等利用环糊精包覆磁性纳米粒子-聚多巴胺核壳结构，并负载抗癌药物阿霉素，在肝癌的化疗和光热疗法协同治疗中表现出良好的性能[121]。此外，近期有研究表明发现一氧化碳(CO)分子被释放到肿瘤细胞中，可以通过降低血红蛋白与氧的结合及抑制细胞蛋白质合成以杀死癌细胞，从

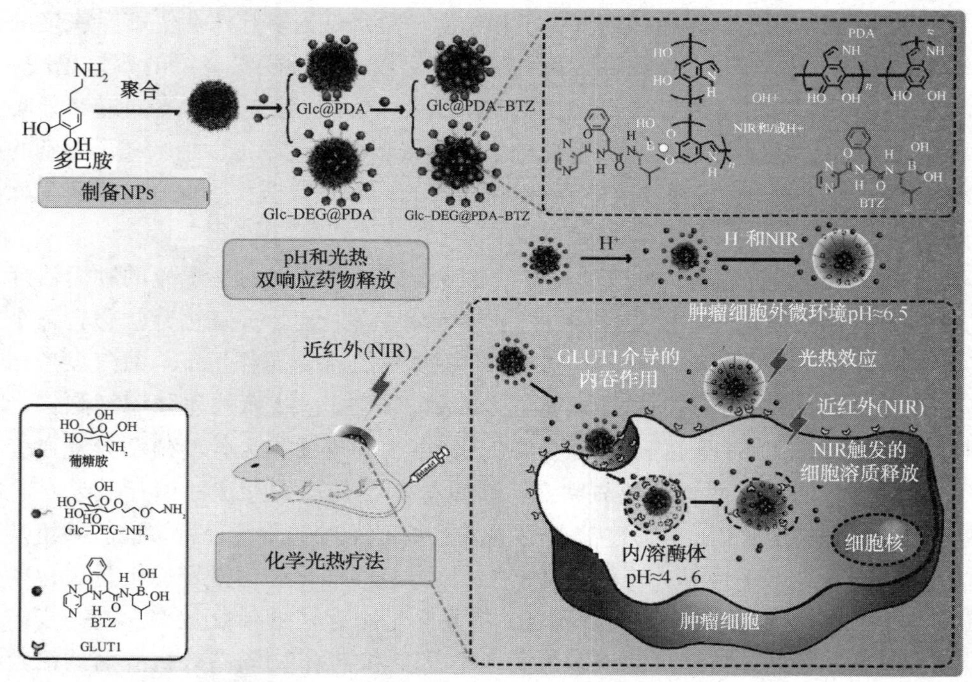

图 1-7　葡萄糖功能化的聚多巴胺纳米粒子的制备及应用示意图[120]

降低细胞活性、增殖和存活等方面，实现抗肿瘤的目的。Wu 等通过疏水相互作用将 H^+/H_2O_2响应性羰基锰(MnCO)封装在介孔聚多巴胺纳米粒子中[122]。MnCO@PDA NPs 进入肿瘤组织后，MnCO 与 H_2O_2在肿瘤部位发生类似 Fenton 反应，同时产生毒性 CO，协同聚多巴胺发挥的光热疗法作用，有效实现肿瘤抑制。还有一些研究关注于将光热疗法和光动力疗法两种光基疗法协同使用，从而实现增强抗肿瘤的效果[123, 124]。

1.3.3 催化

由于制备过程简便、尺寸和形貌可调、生物相容性好、表面性质可控等众多卓越特性，聚多巴胺被大量应用于生物酶的负载[125-127]。Lee 等尝试将含有氨基或是巯基的蛋白质，通过席夫碱反应或是迈克尔加成反应交联到聚多巴胺薄膜上，从而可以实现在任意基底上修饰蛋白酶[128]。例如，接枝在聚多巴胺膜上的胰蛋白酶可保持其水解 *N*-α-苯甲酰-*DL*-精氨酸-*p*-硝基苯胺的能力，并且其活性可以通过比色法方便地进行监测。对此方法进一步改良，使用多巴胺的硫醇衍生物在金基底上沉积一层聚多巴胺，在这种低电化学阻抗的薄膜上进一步交联过氧化物酶，从而实现对过氧化氢的电化学催化反应[129]。为了提高葡萄糖氧化酶的重复使用性能，Wu 等将其封装在 ZIF-8 金属有机框架中，并进一步使用聚多巴胺作为生物交联剂，将数个包封了 GOx 的纳米晶，连接起来形成微米级别的聚集体[61]。实验表明，利用该方法得到的 PDA@GOx/ZIF-8 复合物能够连续使用 10 次后仍保留其原始的催化性质。而原始的 GOx/ZIF-8 纳米晶体在使用 2 次后，由于离心和清洗等过程带来的损耗，仅能保持原有 70%的活性。最近，Chen 等通过将纳米聚多巴胺与红细胞耦合，构建了一种纳米修饰的活细胞催化剂 RBCs@NPDA(图 1-8)[130]。该阴极催化剂可将阳极产生的 H_2O_2作为阴极燃料，催化还原 O_2-H_2O_2级联反应。该新型活细胞催化剂不仅消除了有害的 H_2O_2，而且还可以进一步提高电池性能。该工作为提高可植入葡萄糖生物燃料电池的性能提供了新思路。

金属纳米粒子是小分子反应的常用催化剂。然而，金属纳米粒子在使用中的一个常见问题是易发生聚集，使得降低表面积和催化效果。聚多巴胺由于优异的黏附性质、成膜能力以及还原性质，可以原位还原金属纳米粒子的产生，并在纳米粒子表面形成保护层，有效防止纳米粒子的聚集，因而广泛应用于金属纳米粒子的负载。金属纳米材料催化的一个经典反应是 4-硝基苯酚在 $NaBH_4$作用下的还原反应。聚多巴胺稳定的 Au、Ag、Pt、Pd 等纳米粒子都被应用于该反应的催化[131-133]。例如，Xi 等以沉积在棉花微纤维上的聚多巴胺作为载体负载 Pd 纳米颗粒，并应用于 4-硝基苯酚还原为 4-氨基苯酚和催化 Suzuki 偶联反应的催化

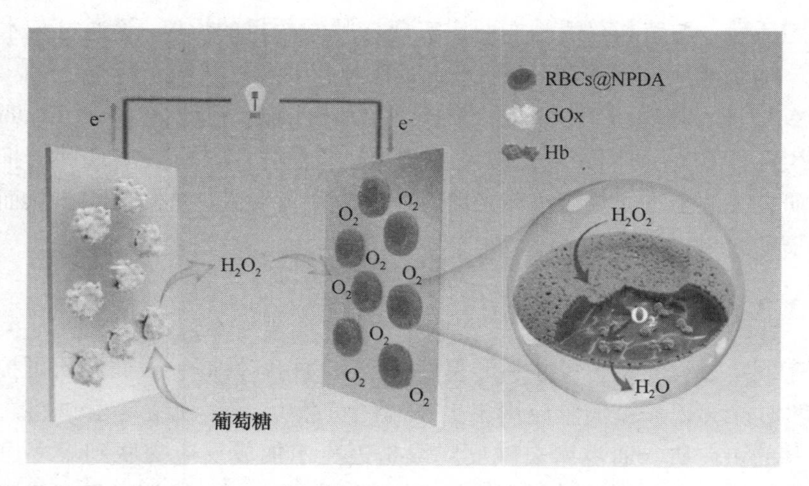

图 1-8 聚多巴胺与红细胞耦合构建的纳米修饰的活细胞催化剂示意图[130]

剂[134]。将棉花超细纤维固定在反应柱上从而得到流动床反应器，其翻转频率大约是在静态条件下相同操作系统的 2 倍。并且，该反应器在保持催化活性的前提下，至少可以运行 9 次。此外，聚多巴胺具有很强的光热转换效率等性质，其可与金属纳米粒子的催化效应协同，增强催化效果。最近，Mei 等以 PS-b-P2VP 纳米球为软模板组装了 Au@ PDA 纳米反应器[135]。该纳米反应器具有连续的多腔室结构，并且还具有可渗透的、厚度可调节的壳层。通过其催化 4-硝基苯酚还原反应动力学的研究得出，在近红外光照射下，该纳米反应器的催化性能明显加强(图 1-9)。他们推测在近红外光照射下，聚多巴胺进行光热转换使得 Au 纳米粒子的表面温度升高，是纳米反应器催化效果增强的根本所在。

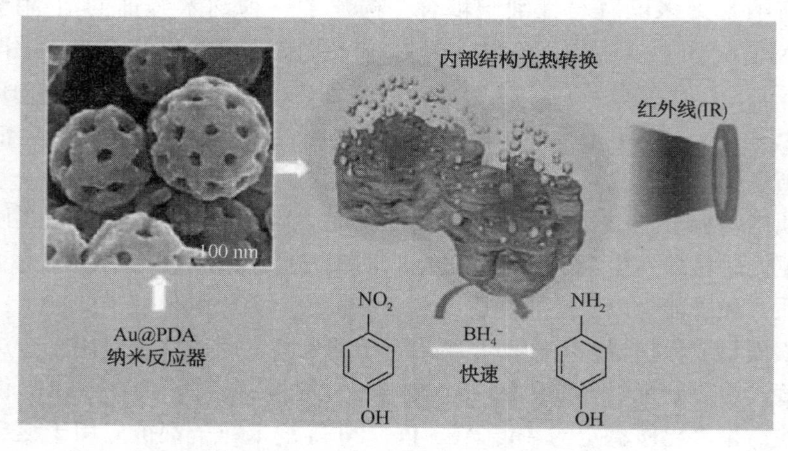

图 1-9 近红外光照射促进的聚多巴胺基纳米反应器示意图[135]

聚多巴胺除了能够负载有催化活性的生物酶和金属纳米粒子应用于催化反

应，其自身也具有一定的催化活性，是一种本征催化剂[5, 127]。聚多巴胺既含有酸性(酚羟基)官能团，又含有碱性(伯胺和仲胺)官能团，二者可以协同作用于反应物分子，从而活化亲电基团或者是亲核基团，这是聚多巴胺呈现催化活性的根本原因，例如芳香醛与环己酮的醛缩合反应[136]。与此反应类似，聚多巴胺纳米粒子还能够催化 CO_2 与单或者双取代的环氧化合物在碱金属卤化物存在下生成碳酸酯，为降低和消除温室气体提供了新的途径[137]。首先，在氨水存在的多巴胺溶液中可控制备得到尺寸为 180~630nm 的聚多巴胺纳米粒子。通过一系列碱金属卤化物、反应温度和压力的实验，最终得出最佳反应条件为 KI 存在时，140°C 和 2MPa 进行反应，CO_2 和氧化丙烯的转化率高达 96%。经过 6 次的连续使用，催化反应效率没有明显变化。聚多巴胺的羟基与环氧化物之间形成氢键被认为是聚多巴胺发挥催化作用的关键。最近，Pawar 等发现聚多巴胺还能够像胺氧化酶一样在水溶液中催化苯并咪唑、喹喔啉、和喹唑啉酮以及氧化仲胺的合成反应[138]。这个反应首先是聚多巴胺的邻苯二酚-醌基团活化胺，之后发生转氨，这些苄基或者是芳香氨加和物在氧气分子的存在下，与苯二胺或是 2-氨基苯甲酰胺发生氧化环化反应。与当前使用的金属或是非金属催化剂相比较，聚多巴胺纳米粒子在水溶液中呈现了更好的催化效率。此外，聚多巴胺纳米粒子易于回收和重复使用、制备过程简便，广泛适用于该反应体系的催化反应。

1.4 本书研究目的、意义和主要内容

自组装在过去的几十年时间里得到了飞速发展，已经成为介于化学、物理、生物、材料和纳米科学等研究领域之间的重要研究方向，是近年来国际科技界普遍关注的一个前沿热点。自组装相关的研究正向各个领域渗透，未来的发展潜力巨大，特别是对于生物医学领域的研究具有十分重要的推动作用。利用自组装的方法，构筑具有特定物理、化学性质的功能组装体，并探索其在新型功能材料、药物载体、生物界面和组织工程等方面的应用，在基础研究与实际应用方面均具有重要的研究与开发价值。自组装研究的基本问题是揭示组装基元间的相互作用的本质和协同规律，在此基础上实现对自组装过程的调控，并制备具有特定结构和功能的自组装体系。生物体通过组装多种组分实现结构的多样性和功能的复杂性。受此启发，两种或者多种构筑基元的共组装，多组分自组装，由于能够构筑具有新颖性质和复合功能的纳米结构，而吸引了研究者们强烈的研究兴趣。这种组装体系的性质不仅依赖于各组分自身的性质，还与构筑基元之间的相互作用密切相关。

因此，本书以自组装为技术手段，调控分子间相互作用，构建新颖的多巴胺基纳米材料。改变组装基元类型及制备过程中的实验参数，构建不同形貌和尺寸的多巴胺基纳米材料。通过对自组装机理的深入研究，揭示构筑基元间的分子相互作用本质，从而实现对自组装过程的精准调控。最后，探索多巴胺基纳米材料在生物医学等领域的应用。具体研究内容包括：

① 以生物分子多巴胺为构筑基元，通过其在碱性条件下的氧化自聚反应，在 $MnCO_3$颗粒表面形成仿生的聚多巴胺壳层。除去 $MnCO_3$模板，即可得到聚多巴胺微胶囊。改变多巴胺的浓度和缓冲溶液的 pH 值，尝试制备不同形貌和壁厚的微胶囊。微胶囊表面具有酚羟基和氨基等活性基团，易于修饰荧光分子和药物分子。并且，聚多巴胺微胶囊负载胰岛素输送体系表现出 pH 响应性的释放行为，可应用于胰岛素的口服给药。

② 以典型的多金属氧酸盐磷钨酸为模型分子，尝试将其与多巴胺共组装制备有机-无机杂化纳米结构。改变制备过程中的实验参数，如两种构筑基元的浓度、比例以及缓冲溶液的种类、pH，调控有机-无机杂化纳米结构的形貌。通过多种表征手段研究多巴胺与磷钨酸共组装形成有机-无机杂化材料的机理。通过化疗药物阿霉素的负载和释放实验，评估其在药物输送方面的潜在应用。进一步，这些分级纳米结构还可作为模板应用于银纳米粒子的原位合成。此外，其高温煅烧后制备得到的 WO_3纳米粒子表现出优异的光催化性能。

③ 利用多巴胺与京尼平之间的共价，组装制备多巴胺基纳米粒子。通过改变两者的比例、浓度调控纳米粒子的尺寸。深入研究纳米粒子的形貌、组装机理及其光学性质。在此基础上，利用邻苯二酚基团与硼酸之间形成可逆性硼酸酯键，在多巴胺基纳米粒子表面负载化疗药物硼替佐米，构建 DGNPs-Btz 纳米药物体系。研究纳米药物体系的光动力活性以及药物响应性释放行为，通过与肿瘤细胞共孵育评估其抗肿瘤治疗效果。

④ 利用多巴胺与戊二醛之间的共价，组装制备不同尺寸的纳米粒子。通过观察纳米粒子的形貌变化，研究纳米粒子的组装过程及其在不同环境中的稳定性。利用紫外光谱、红外光谱、质谱分析等手段研究其组装机理、光学性质。进一步，在纳米粒子组装过程中适应性封装化疗药物阿霉素和光敏剂 Ce6，制备 DGNPs@ DOX/Ce6 纳米复合物。通过体外药物释放试验、细胞实验和小鼠活体实验评估纳米复合物的抗肿瘤治疗效果。

参 考 文 献

[1] Lee H. , Dellatore S. M. , Miller W. M. , et al. Mussel-inspired surface chemistry for multifunctional coatings. Science, 2007, 318(5849): 426-430.

[2] Li H. , Jia Y. , Peng H. , et al. Recent developments in dopamine-based materials for cancer diagnosis and therapy. Advances in Colloid and Interface Science, 2018, 252: 1-20.

[3] Yang P. , Zhu F. , Zhang Z. , et al. Stimuli-responsive polydopamine-based smart materials. Chemical Society Reviews, 2021.

[4] Liu Y. , Ai K. , Liu J. , et al. Dopamine-melanin colloidal nanospheres: an efficient near-infrared photothermal therapeutic agent for in vivo cancer therapy. Advanced Materials, 2013, 25 (9): 1353-1359.

[5] Mei S. , Xu X. , Priestley R. D. , et al. Polydopamine-based nanoreactors: synthesis and applications in bioscience and energy materials. Chemical Science, 2020, 11(45).

[6] Yang H. C. , Waldman R. Z. , Wu M. B. , et al. Dopamine: just the right medicine for membranes. Advanced Functional Materials, 2018, 28(8).

[7] Cheng W. , Zeng X. , Chen H. , et al. Versatile polydopamine platforms: synthesis and promising applications for surface modification and advanced nanomedicine. ACS Nano, 2019, 13(8).

[8] Hong S. , Schaber C. F. , Dening K. , et al. Air/water interfacial formation of freestanding, stimuli-responsive, self-healing catecholamine Janus-faced microfilms. Advanced Materials, 2014, 26(45).

[9] Sheng W. , Li W. , Yu B. , et al. Mussel-inspired two-dimensional freestanding alkyl-polydopamine Janus nanosheets. Angewandte Chemie International Edition, 2019, 58(35).

[10] Yu X. , Fan H. , Wang L. , et al. Formation of polydopamine nanofibers with the aid of folic acid. Angewandte Chemie International Edition, 2014, 53(46).

[11] Kohri M. , Nannichi Y. , Kohma H. , et al. Size control of polydopamine nodules formed on polystyrene particles during dopamine polymerization with carboxylic acid-containing compounds for the fabrication of raspberry-like particles. Colloids and Surfaces A: Physicochemical and Engineering Aspects, 2014, 449: 114-120.

[12] Amin D. R. , Higginson C. J. , Korpusik A. B. , et al. Untemplated resveratrol-mediated polydopamine nanocapsule formation. ACS Applied Materials & Interfaces, 2018, 10(40).

[13] Lin L. S. , Cong Z. X. , Cao J. B. , et al. Multifunctional Fe_3O_4@ polydopamine core-shell nanocomposites for intracellular mRNA detection and imaging-guided photothermal therapy. ACS Nano, 2014, 8(4): 3876-3883.

[14] Liu X. , Cao J. , Li H. , et al. Mussel-inspired polydopamine: a biocompatible and ultrastable coating for nanoparticles in vivo. ACS Nano, 2013, 7(10).

[15] Fei B. , Qian B. , Yang Z. , et al. Coating carbon nanotubes by spontaneous oxidative polymerization of dopamine. Carbon, 2008, 46(13): 1795-1797.

[16] Xie J. , Zhong S. , Ma B. , et al. Controlled biomineralization of electrospun poly(ε-caprolac-

tone) fibers to enhance their mechanical properties. Acta Biomaterialia, 2013, 9(3): 5698-5707.

[17] Liu X., Cao J., Li H., et al. Mussel-inspired polydopamine: a biocompatible and ultrastable coating for nanoparticles in vivo. ACS Nano, 2013, 7(10): 9384-9395.

[18] Ball V., Del Frari D., Toniazzo V., et al. Kinetics of polydopamine film deposition as a function of ph and dopamine concentration: insights in the polydopamine deposition mechanism. Journal of Colloid and Interface Science, 2012, 386(1): 366-372.

[19] Bernsmann F., Ball V., Addiego F., et al. Dopamine-melanin film deposition depends on the used oxidant and buffer solution. Langmuir, 2011, 27(6): 2819-2825.

[20] Yang S. H., Hong D., Lee J., et al. Artificial spores: cytocompatible encapsulation of individual living cells within thin, tough artificial shells. Small, 2013, 9(2): 178-186.

[21] Della Vecchia N. F., Avolio R., Alfè M., et al. Building-block diversity in polydopamine underpins a multifunctional eumelanin-type platform tunable through a quinone control point. Advanced Functional Materials, 2013, 23(10): 1331-1340.

[22] Li H., Yan Y., Gu X., et al. Organic-inorganic hybrid based on co-assembly of polyoxometalate and dopamine for synthesis of nanostructured Ag. Colloids and Surfaces A: Physicochemical and Engineering Aspects, 2018, 538: 513-518.

[23] Ryu J. H., Messersmith P. B., Lee H., et al. Polydopamine surface chemistry: a decade of discovery. ACS Applied Materials & Interfaces, 2018, 10(9): 7523-7540.

[24] Yan J., Yang L., Lin M. F., et al. Polydopamine spheres as active templates for convenient synthesis of various nanostructures. Small, 2013, 9(4): 596-603.

[25] Zhang D., Wu M., Zeng Y., et al. Chlorin e6 conjugated poly(dopamine) nanospheres as PDT/PTT dual-modal therapeutic agents for enhanced cancer therapy. ACS Applied Materials&Interfaces, 2015, 7(15): 8176-8187.

[26] Das P., Yuran S., Yan J., et al. Sticky tubes and magnetic hydrogels co-assembled by a short peptide and melanin-like nanoparticles. Chemical Communications, 2015, 51(25): 5432-5435.

[27] Hong S. H., Hong S., Ryou M. H., et al. Sprayable ultrafast polydopamine surface modifications. Advanced Materials Interfaces, 2016, 3(11).

[28] Wei Q., Zhang F., Li J., et al. Oxidant-induced dopamine polymerization for multifunctional coatings. Polymer Chemistry, 2010, 1(9): 1430-1433.

[29] Ponzio F., Barthès J., Bour J., et al. Oxidant control of polydopamine surface chemistry in acids: a mechanism-based entry to superhydrophilic-superoleophobic coatings. Chemistry of Materials, 2016, 28(13): 4697-4705.

[30] Zhang X., Wang S., Xu L., et al. Biocompatible polydopamine fluorescent organic nanoparticles: facile preparation and cell imaging. Nanoscale, 2012, 4(18): 5581-5584.

[31] Chen X., Yan Y., Müllner M., et al. Engineering fluorescent poly(dopamine) capsules.

Langmuir, 2014, 30(10): 2921-2925.

[32] Tan Y., Deng W., Li Y., et al. Polymeric bionanocomposite cast thin films with in situ laccase-catalyzed polymerization of dopamine for biosensing and biofuel cell applications. The Journal of Physical Chemistry B, 2010, 114(15): 5016-5024.

[33] Ponzio F., Ball V. Physicochemical S. A., et al. Persistence of dopamine and small oxidation products thereof in oxygenated dopamine solutions and in "polydopamine" films. Colloids and Surfaces A: Physicochemical and Engineering Aspects, 2014, 443: 540-543.

[34] Du X., Li L., Li J., et al. UV-triggered dopamine polymerization: control of polymerization, surface coating, and photopatterning. Advanced Materials, 2014, 26(47): 8029-8033.

[35] Du X., Li L., Behboodi-Sadabad F., et al. Bio-inspired strategy for controlled dopamine polymerization in basic solutions. Polymer Chemistry, 2017, 8(14): 2145-2151.

[36] Shafiq Z., Cui J., Pastor-Pérez L., et al. Bioinspired underwater bonding and debonding on demand. Angewandte Chemie, 2012, 124(18): 4408-4411.

[37] Quignard S., d'Ischia M., Chen Y., et al. Ultraviolet-induced fluorescence of polydopamine-coated emulsion droplets. ChemPlusChem, 2014, 79(9): 1254-1257.

[38] Corani A., Huijser A., Iadonisi A., et al. Bottom-up approach to eumelanin photoprotection: emission dynamics in parallel sets of water-soluble 5, 6-dihydroxyindole-based model systems. The Journal of Physical Chemistry B, 2012, 116(44).

[39] Lee M., Lee S. H., Oh I. K., et al. Microwave-accelerated rapid, chemical oxidant-free, material-independent surface chemistry of poly(dopamine). Small, 2017, 13(4).

[40] Ouyang R., Lei J., Ju H., et al. A molecularly imprinted copolymer designed for enantioselective recognition of glutamic acid. Advanced Functional Materials, 2007, 17(16): 3223-3230.

[41] Zhang M., Zhang X., He X., et al. A self-assembled polydopamine film on the surface of magnetic nanoparticles for specific capture of protein. Nanoscale, 2012, 4(10): 3141-3147.

[42] Lynge M. E., Teo B. M., Laursen M. B., et al. Cargo delivery to adhering myoblast cells from liposome-containing poly(dopamine) composite coatings. Biomaterials Science, 2013, 1(11): 1181-1192.

[43] Ding T., Xing Y., Wang Z., et al. Structural complementarity from DNA for directing two-dimensional polydopamine nanomaterials with biomedical applications. Nanoscale Horizons, 2019, 4(3): 652-657.

[44] Wang Y., Wu Y., Li K., et al. Ultralong circulating lollipop-like nanoparticles assembled with gossypol, doxorubicin, and polydopamine via π-π stacking for synergistic tumor therapy. Advanced Functional Materials, 2019, 29(1).

[45] Wang H., Lin Q., Yin L., et al. Biomimetic design of hollow flower-like $g-C_3N_4$@PDA organic framework nanospheres for realizing an efficient photoreactivity. Small, 2019, 15(16).

[46] Dong Z., Feng L., Hao Y., et al. Synthesis of hollow biomineralized $CaCO_3$-polydopamine

nanoparticles for multimodal imaging-guided cancer photodynamic therapy with reduced skin photosensitivity. Journal of the American Chemical Society, 2018, 140(6): 2165-2178.

[47] Chien C. Y., Liu T. Y., Kuo W. H., et al. Dopamine-assisted immobilization of hydroxyapatite nanoparticles and RGD peptides to improve the osteoconductivity of titanium. Journal of Biomedical Materials Research Part A, 2013, 101(3): 740-747.

[48] Zhang Y., Thingholm B., Goldie K. N., et al. Assembly of poly(dopamine) films mixed with a nonionic polymer. Langmuir, 2012, 28(51).

[49] Liu Y., Chang C.-P., Sun T. Dopamine-assisted deposition of dextran for nonfouling applications. Langmuir, 2014, 30(11): 3118-3126.

[50] Huang R., Liu X., Ye H., et al. Conjugation of hyaluronic acid onto surfaces via the interfacial polymerization of dopamine to prevent protein adsorption. Langmuir, 2015, 31(44).

[51] Zhang Y., Teo B. M., Goldie K. N., et al. Poly(N-isopropylacrylamide)/poly(dopamine) capsules. Langmuir, 2014, 30(19): 5592-5598.

[52] Alfieri M. L., Panzella L., Oscurato S. L., et al. Hexamethylenediamine-mediated polydopamine film deposition: inhibition by resorcinol as a strategy for mapping quinone targeting mechanisms. Frontiers in Chemistry, 2019, 7: 407.

[53] Alfieri M. L., Panzella L., Oscurato S. L., et al. The chemistry of polydopamine film formation: the amine-quinone interplay. Biomimetics, 2018, 3(3): 26.

[54] Yang Z., Yang Y., Zhang L., et al. Mussel-inspired catalytic selenocystamine-dopamine coatings for long-term generation of therapeutic gas on cardiovascular stents. Biomaterials, 2018, 178: 1-10.

[55] Zhang P., Tang A., Zhu B., et al. Hierarchical self-assembly of dopamine into patterned structures. Advanced Materials Interfaces, 2017, 4(11).

[56] Liu M., Ji J., Zhang X., et al. Self-polymerization of dopamine and polyethyleneimine: novel fluorescent organic nanoprobes for biological imaging applications. Journal of Materials Chemistry B, 2015, 3(17): 3476-3482.

[57] Zhao C., Zuo F., Liao Z., et al. Mussel-inspired one-pot synthesis of a fluorescent and water-soluble polydopamine-polyethyleneimine copolymer. Macromolecular Rapid Communications, 2015, 36(10): 909-915.

[58] Jiang Y., Pan X., Yao M., et al. Bioinspired adhesive and tumor microenvironment responsive nanoMOFs assembled 3D-printed scaffold for anti-tumor therapy and bone regeneration. Nano Today, 2021, 39.

[59] Bergtold C., Hauser D., Chaumont A., et al. Mimicking the chemistry of natural eumelanin synthesis: the KE sequence in polypeptides and in proteins allows for a specific control of nanosized functional polydopamine formation. Biomacromolecules, 2018, 19(9): 3693-3704.

[60] Chassepot A., Ball V. Human serum albumin and other proteins as templating agents for the syn-

thesis of nanosized dopamine-eumelanin. Journal of Colloid and Interface Science, 2014, 414: 97-102.

[61] Wu X. , Yang C. , Ge J. , et al. Polydopamine tethered enzyme/metal-organic framework composites with high stability and reusability. Nanoscale, 2015, 7(45).

[62] Yu X. , Fan H. , Wang L. , et al. Formation of polydopamine nanofibers with the aid of folic acid. Angewandte Chemie International Edition, 2014, 53(46).

[63] Fan H. , Yu X. , Liu Y. , et al. Folic acid-polydopamine nanofibers show enhanced ordered-stacking via π-π interactions. Soft Matter, 2015, 11(23): 4621-4629.

[64] Ma S. , Qi Y. -X. , Jiang X. -Q. , et al. Selective and sensitive monitoring of cerebral antioxidants based on the dye-labeled DNA/polydopamine conjugates. Analytical Chemistry, 2016, 88 (23).

[65] Zheng X. , Chen F. , Zhang J. , et al. Silica-assisted incorporation of polydopamine into the framework of porous nanocarriers by a facile one-pot synthesis. Journal of Materials Chemistry B, 2016, 4(14): 2435-2443.

[66] Wang Z. -X. , Lau C. -H. , Zhang N. -Q. , et al. Mussel-inspired tailoring of membrane wettability for harsh water treatment. Journal of Materials Chemistry A, 2015, 3(6): 2650-2657.

[67] Wang B. , Ma Y. , Wang N. , et al. Reproducible and fast preparation of superhydrophobic surfaces via an ultrasound-accelerated one-pot approach for oil collection. Separation and Purification Technology, 2021, 258.

[68] Tang X. , Wang X. , Tang C. , et al. Pda-assisted one-pot fabrication of bioinspired filter paper for oil-water separation. Cellulose, 2019, 26(2): 1355-1366.

[69] Ding L. , Gao J. , Chung T. -S. , et al. Schiff base reaction assisted one-step self-assembly method for efficient gravity-driven oil-water emulsion separation. Separation and Purification Technology, 2019, 213: 437-446.

[70] Kim H. , Kim D. W. , Vasagar V. , et al. Polydopamine-graphene oxide flame retardant nanocoatings applied via an aqueous liquid crystalline scaffold. Advanced Functional Materials, 2018, 28(39).

[71] Liu R. , Mahurin S. M. , Li C. , et al. Dopamine as a carbon source: the controlled synthesis of hollow carbon spheres and yolk-structured carbon nanocomposites. Angewandte Chemie International Edition, 2011, 50(30): 6799-6802.

[72] Zhang L. , Chang C. , Hsu C. -W. , et al. Hollow nanocubes composed of well-dispersed mixed metal-rich phosphides in N-doped carbon as highly efficient and durable electrocatalysts for the oxygen evolution reaction at high current densities. Journal of Materials Chemistry A, 2017, 5 (37).

[73] Qu K. , Wang Y. , Zhang X. , et al. Polydopamine-derived, in situ N-doped 3D mesoporous carbons for highly efficient oxygen reduction. ChemNanoMat, 2018, 4(4): 417-422.

[74] Guan B. Y. , Zhang S. L. , Lou X. W. Realization of walnut-shaped particles with macro-/me-

soporous open channels through pore architecture manipulation and their use in electrocatalytic oxygen reduction. Angewandte Chemie, 2018, 130(21): 6284-6288.

[75] Ding W., Chechetka S. A., Masuda M., et al. Lipid nanotube tailored fabrication of uniquely shaped polydopamine nanofibers as photothermal converters. Chemistry-A European Journal, 2016, 22(13): 4345-4350.

[76] Jiang C., Wang Y., Wang J., et al. Achieving ultrasensitive in vivo detection of bone crack with polydopamine-capsulated surface-enhanced raman nanoparticle. Biomaterials, 2017, 114: 54-61.

[77] Liu Q., Yu B., Ye W., et al. Highly selective uptake and release of charged molecules by pH-responsive polydopamine microcapsules. Macromolecular Bioscience, 2011, 11(9): 1227-1234.

[78] Wan D., Yan C., Zhang Q., et al. Facile and rapid synthesis of hollow magnetic mesoporous polydopamine nanoflowers with tunable pore structures for lipase immobilization: green production of biodiesel. Industrial & Engineering Chemistry Research, 2019, 58(36).

[79] Cao J., Mei S., Jia H., et al. In situ synthesis of catalytic active Au nanoparticles onto gibbsite-polydopamine core-shell nanoplates. Langmuir, 2015, 31(34): 9483-9491.

[80] Chen F., Xing Y., Wang Z., et al. Nanoscale polydopamine (PDA) meets $\pi-\pi$ interactions: an interface-directed coassembly approach for mesoporous nanoparticles. Langmuir, 2016, 32(46).

[81] Ji S., Huang J., Li T., et al. A strategy to synthesize pomegranate-inspired hollow mesoporous molecularly imprinted nanoparticles by organic-organic self-assembly of dopamine. Nano Select, 2020, 2(2): 328-337.

[82] Qiang W., Li W., Li X., et al. Bioinspired polydopamine nanospheres: a superquencher for fluorescence sensing of biomolecules. Chemical Science, 2014, 5(8): 3018-3024.

[83] Wang D., Chen C., Ke X., et al. Bioinspired near-infrared-excited sensing platform for in vitro antioxidant capacity assay based on upconversion nanoparticles and a dopamine-melanin hybrid system. ACS Applied Materials & Interfaces, 2015, 7(5): 3030-3040.

[84] Qiang W., Hu H., Sun L., et al. Aptamer/polydopamine nanospheres nanocomplex for in situ molecular sensing in living cells. Analytical Chemistry, 2015, 87(24).

[85] Zhang X., Guo X., Yuan H., et al. One-pot synthesis of a natural phenol derived fluorescence sensor for Cu (Ⅱ) and Hg (Ⅱ) detection. Dyes and Pigments, 2018, 155: 100-106.

[86] Chen M., Wen Q., Gu F., et al. Mussel chemistry assembly of a novel biosensing nanoplatform based on polydopamine fluorescent dot and its photophysical features. Chemical Engineering Journal, 2018, 342: 331-338.

[87] Zhao S., Song X., Bu X., et al. Polydopamine dots as an ultrasensitive fluorescent probe switch for Cr (Ⅵ) in vitro. Journal of Applied Polymer Science, 2017, 134(18).

[88] Wang Z., Xu C., Lu Y., et al. Microplasma electrochemistry controlled rapid preparation of fluorescent polydopamine nanoparticles and their application in uranium detection. Chemical Engi-

neering Journal, 2018, 344: 480-486.

[89]Xiong B., Chen Y., Shu Y., et al. Highly emissive and biocompatible dopamine-derived oligomers as fluorescent probes for chemical detection and targeted bioimaging. Chemical Communications, 2014, 50(88).

[90] Thimsen E., Sadtler B., Berezin M. Y. Shortwave-infrared (SWIR) emitters for biological imaging: a review of challenges and opportunities. Nanophotonics, 2017, 6(5): 1043-1054.

[91] Xiao L., Yeung E. S. Optical imaging of individual plasmonic nanoparticles in biological samples. Annual Review of Analytical Chemistry, 2014, 7: 89-111.

[92] Maldiney T., Bessière A., Seguin J., et al. The in vivo activation of persistent nanophosphors for optical imaging of vascularization, tumours and grafted cells. Nature Materials, 2014, 13(4): 418-426.

[93] Wolfbeis O. S. An overview of nanoparticles commonly used in fluorescent bioimaging. Chemical Society Reviews, 2015, 44(14): 4743-4768.

[94] Ma B., Liu F., Zhang S., et al. Two-photon fluorescent polydopamine nanodots for CAR-T cell function verification and tumor cell/tissue detection. Journal of Materials Chemistry B, 2018, 6(40): 6459-6467.

[95] Solaro R., Chiellini F., Battisti A. Targeted delivery of protein drugs by nanocarriers. Materials, 2010, 3(3): 1928-1980.

[96] Dreyer D. R., Miller D. J., Freeman B. D., et al. Elucidating the structure of poly (dopamine). Langmuir, 2012, 28(15): 6428-6435.

[97] Liu F., He X., Lei Z., et al. Facile preparation of doxorubicin-loaded upconversion@ polydopamine nanoplatforms for simultaneous in vivo multimodality imaging and chemophotothermal synergistic therapy. Advanced Healthcare Materials, 2015, 4(4): 559-568.

[98] Wang N., Yang Y., Wang X., et al. Polydopamine as the antigen delivery nanocarrier for enhanced immune response in tumor immunotherapy. ACS Biomaterials Science & Engineering, 2019, 5(5): 2330-2342.

[99] Ho C. -C., Ding S. -J. The pH-controlled nanoparticles size of polydopamine for anti-cancer drug delivery. Journal of Materials Science: Materials in Medicine, 2013, 24(10): 2381-2390.

[100] Wang X., Zhang J., Wang Y., et al. Multi-responsive photothermal-chemotherapy with drug-loaded melanin-like nanoparticles for synergetic tumor ablation. Biomaterials, 2016, 81: 114-124.

[101] Liu R., Guo Y., Odusote G., et al. Core-shell Fe_3O_4 polydopamine nanoparticles serve multipurpose as drug carrier, catalyst support and carbon adsorbent. ACS Applied Materials&Interfaces, 2013, 5(18): 9167-9171.

[102] Thompson C. A., Gu A., Yang S. Y., et al. Transient telomerase inhibition with imetelstat impacts DNA damage signals and cell-cycle kinetics. Molecular Cancer Research, 2018, 16(8): 1215-1225.

[103] Dong L. , Wang C. , Zhen W. , et al. Biodegradable iron-coordinated hollow polydopamine nanospheres for dihydroartemisinin delivery and selectively enhanced therapy in tumor cells. Journal of Materials Chemistry B, 2019, 7(40): 6172-6180.

[104] Xiong W. , Peng L. , Chen H. , et al. Surface modification of MPEG-b-PCL-based nanoparticles via oxidative self-polymerization of dopamine for malignant melanoma therapy. International Journal of Nanomedicine, 2015, 10: 2985-2996.

[105] Cui J. , Yan Y. , Such G. K. , et al. Immobilization and intracellular delivery of an anticancer drug using mussel-inspired polydopamine capsules. Biomacromolecules, 2012, 13(8): 2225-2228.

[106] Wu Q. , Niu M. , Chen X. , et al. Biocompatible and biodegradable zeolitic imidazolate framework/polydopamine nanocarriers for dual stimulus triggered tumor thermo-chemotherapy. Biomaterials, 2018, 162: 132-143.

[107] Li F. , Yang H. , Bie N. , et al. Zwitterionic temperature/redox-sensitive nanogels for near-infrared light-triggered synergistic thermo-chemotherapy. ACS Applied Materials&Interfaces, 2017, 9(28).

[108] Qiu M. , Wang D. , Liang W. , et al. Novel concept of the smart NIR-light-controlled drug release of black phosphorus nanostructure for cancer therapy. Proceedings of the National Academy of Sciences, 2018, 115(3): 501-506.

[109] Mao H. Y. , Laurent S. , Chen W. , et al. Graphene: promises, facts, opportunities, and challenges in nanomedicine. Chemical Reviews, 2013, 113(5): 3407-3424.

[110] Hu D. , Liu C. , Song L. , et al. Indocyanine green-loaded polydopamine-iron ions coordination nanoparticles for photoacoustic/magnetic resonance dual-modal imaging-guided cancer photothermal therapy. Nanoscale, 2016, 8(39).

[111] Li N. , Li T. , Hu C. , et al. Targeted near-infrared fluorescent turn-on nanoprobe for activatable imaging and effective phototherapy of cancer cells. ACS Applied Materials & Interfaces, 2016, 8(24).

[112] Dong Z. , Gong H. , Gao M. , et al. Polydopamine nanoparticles as a versatile molecular loading platform to enable imaging-guided cancer combination therapy. Theranostics, 2016, 6(7): 1031-1042.

[113] Zheng R. , Wang S. , Tian Y. , et al. Polydopamine-coated magnetic composite particles with an enhanced photothermal effect. ACS Applied Materials& Interfaces, 2015, 7(29).

[114] Li X. , Lovell J. F. , Yoon J. , et al. Clinical development and potential of photothermal and photodynamic therapies for cancer. Nature Reviews Clinical Oncology, 2020, 17(11): 657-674.

[115] Dai Y. , Xu C. , Sun X. , et al. Nanoparticle design strategies for enhanced anticancer therapy by exploiting the tumour microenvironment. Chemical Society Reviews, 2017, 46(12): 3830-3852.

[116] Cao H. , Yang Y. , Liang M. , et al. Pt@ polydopamine nanoparticles as nanozymes for enhanced photodynamic and photothermal therapy. Chemical Communications, 2021, 57(2): 255-258.

[117] Yu C. , Huang X. , Qian D. , et al. Fabrication and evaluation of hemoglobin-based polydopamine microcapsules as oxygen carriers. Chemical Communications, 2018, 54(33): 4136-4139.

[118] Liu W. L. , Liu T. , Zou M. Z. , et al. Aggressive man-made red blood cells for hypoxia-resistant photodynamic therapy. Advanced Materials, 2018, 30(35).

[119] Li Y. , Hong W. , Zhang H. , et al. Photothermally triggered cytosolic drug delivery of glucose functionalized polydopamine nanoparticles in response to tumor microenvironment for the glut1-targeting chemo-phototherapy. Journal of Controlled Release, 2020, 317: 232-245.

[120] Mrówczyński R. , Jędrzak A. , Szutkowski K. , et al. Cyclodextrin-based magnetic nanoparticles for cancer therapy. Nanomaterials, 2018, 8(3): 170.

[121] Wu D. , Duan X. , Guan Q. , et al. Mesoporous polydopamine carrying manganese carbonyl responds to tumor microenvironment for multimodal imaging-guided cancer therapy. Advanced Functional Materials, 2019, 29(16).

[122] Poinard B. , Neo S. Z. Y. , Yeo E. L. L. , et al. Polydopamine nanoparticles enhance drug release for combined photodynamic and photothermal therapy. ACS Applied Materials &Interfaces, 2018, 10(25).

[123] Tang X. L. , Jing F. , Lin B. L. , et al. pH-responsive magnetic mesoporous silica-based nanoplatform for synergistic photodynamic therapy/chemotherapy. ACS Applied Materials &Interfaces, 2018, 10(17).

[124] Ball V. Impedance spectroscopy and zeta potential titration of dopa-melanin films produced by oxidation of dopamine. Colloids and Surfaces A: Physicochemical and Engineering Aspects, 2010, 363(1-3): 92-97.

[125] Zheng Y. , Zhang L. , Shi J. , et al. Mussel-inspired surface capping and pore filling to confer mesoporous silica with high loading and enhanced stability of enzyme. Microporous and Mesoporous Materials, 2012, 152: 122-127.

[126] Ball V. Polydopamine films and particles with catalytic activity. Catalysis Today, 2018, 301: 196-203.

[127] Lee H. , Rho J. , Messersmith P. B. Facile conjugation of biomolecules onto surfaces via mussel adhesive protein inspired coatings. Advanced Materials, 2009, 21(4): 431-434.

[128] Zhang N. , Ma W. , He P. -G. , et al. A polydopamine derivative monolayer on gold electrode for electrochemical catalysis of H_2O_2. Journal of Electroanalytical Chemistry, 2015, 739: 197-201.

[129] Chen H. , Ru X. , Wang H. , et al. Construction of a cascade catalyst of nanocoupled living red blood cells for implantable biofuel cell. ACS Applied Materials &Interfaces, 2021, 13(24).

[130] Ni Y. , Tong G. , Wang J. , et al. One-pot preparation of pomegranate-like polydopamine stabilized small gold nanoparticles with superior stability for recyclable nanocatalysts. RSC Advances, 2016, 6(47).

[131] Fang Q. , Zhang J. , Bai L. , et al. In situ redox-oxidation polymerization for magnetic core-shell nanostructure with polydopamine-encapsulated-Au hybrid shell. Journal of Hazardous Materials, 2019, 367: 15-25.

[132] Cao E. , Duan W. , Wang F. , et al. Natural cellulose fiber derived hollow-tubular-oriented polydopamine: in-situ formation of Ag nanoparticles for reduction of 4-nitrophenol. Carbohydrate Polymers, 2017, 158: 44-50.

[133] Xi J. , Xiao J. , Xiao F. , et al. Mussel-inspired functionalization of cotton for nano-catalyst support and its application in a fixed-bed system with high performance. Scientific Reports, 2016, 6(1): 1-8.

[134] Mei S. , Kochovski Z. , Roa R. , et al. Enhanced catalytic activity of gold@ polydopamine nanoreactors with multi-compartment structure under NIR irradiation. Nano-Micro Letters, 2019, 11(1): 1-16.

[135] Mrówczyński R. , Bunge A. , Liebscher J. Polydopamine-an organocatalyst rather than an innocent polymer. Chemistry-A European Journal, 2014, 20(28): 8647-8653.

[136] Yang Z. , Sun J. , Liu X. , et al. Nano-sized polydopamine-based biomimetic catalyst for the efficient synthesis of cyclic carbonates. Tetrahedron Letters, 2014, 55(21): 3239-3243.

[137] Pawar S. A. , Chand A. N. , Kumar A. V. , et al. Polydopamine: an amine oxidase mimicking sustainable catalyst for the synthesis of nitrogen heterocycles under aqueous conditions. ACS Sustainable Chemistry & Engineering, 2019, 7(9): 8274-8286.

第2章 负载胰岛素的聚多巴胺微胶囊

2.1 引 言

根据国际糖尿病联盟报告显示，2011 年全世界约有 3.66 亿人患有糖尿病，并且据推测这一数据将于 2030 年上升至 5.52 亿人。糖尿病由于具有患病率高、并发症多等特点，已经发展成为人类最致命的疾病之一。根据世界卫生组织报道，全世界每年大约有 300 万人死于糖尿病。1 型糖尿病患者平均寿命相比于正常人群要减少 20 多年，2 型糖尿病患者平均寿命要减少 10 年。胰岛素是治疗糖尿病最常用和最有效的药物，其是由加拿大科学家 Banting F. G. 和 Best C. H. 于 1922 年首先从狗的胰腺中发现并应用于临床治疗。二人因此获得了 1923 年的诺贝尔生理医学奖。胰岛素是胰岛 β 细胞分泌的一种分子质量为 58kDa 的酸性蛋白质，由含 21 个氨基酸残基的 A 链和含 30 个氨基酸残基的 B 链通过二硫键相连组成。其主要生理功能是促进组织吸收葡萄糖，促进肝糖原、肌糖原以及脂肪的合成，并抑制肝糖原和脂肪的降解。目前，胰岛素最常用的给药方式是皮下注射。这种给药方式容易引起感染、过敏反应以及注射位点的脂肪代谢障碍，并且注射疼痛、需要专人进行给药等缺点也给患者带来很大困扰。因此，亟须研究开发更加经济、方便和无痛的新型胰岛素给药系统。

在过去的几十年内，纳米科技的快速发展为口服生物分子类药物带来了新的发展契机。研究者们设计开发了多种药物载体，如聚合物纳米颗粒、脂质体、胶束、微胶囊、微凝胶等，对胰岛素进行包覆修饰。这些药物载体能够保护胰岛素的结构和功能不被破坏，从而提高胰岛素的吸收率。目前，口服胰岛素载体的构筑基元主要包括壳聚糖、葡聚糖、海藻酸钠和透明质酸等天然聚合物，以及聚乳酸（polylactic acid，PLA）、聚丙烯酰胺（polyacrylic amide，PAM）和聚己内酯（polycaprolactone，PCL）等合成聚合物。然而，这些药物载体的制备过程常常需要使用高温、超声、剧烈的搅拌等手段，极易对胰岛素的结构和生物活性造成破坏。因此，科研人员一直在寻找更好的胰岛素载体的制备方法和材料。

聚合物胶囊因其在药物输送、催化、化妆品、食品和农业领域的广泛应用而备受关注[1-5]。目前制备聚合物微胶囊的方法主要包括自组装、相分离、聚合和模板辅助方法。其中，基于模板合成的层层(layer-by-layer，LbL)组装技术因具有精确的尺寸、成分、壁厚控制等优势，被认为是构建聚合物胶囊的最常用方法[6-11]。LbL 组装的主要原理是依次吸附组装基元，然后去除模板颗粒[12, 13]。随着组装基元的日益多样化，LbL 组装的驱动力已经发展为包括静电相互作用[14]、氢键[15, 16]、电荷转移[17]和共价键[18-20]在内的各种相互作用。尽管如此，不能忽视的是，LbL 组装的缺点是其多步操作过程使其劳动密集并且耗时。因此，通过一步法技术将聚合物膜沉积到模板核上将为微胶囊的制备提供直接的益处，从而降低劳动力、成本和组装复杂性。

最近，基于多巴胺氧化自聚合的表面修饰策略被广泛应用于聚合物薄膜的构建[21-23]。多巴胺是一种简单的儿茶酚胺类神经递质，它在弱碱性溶液中能够发生氧化自聚合反应产生聚多巴胺，一种几乎可以黏附在所有材料表面(如金属[24]、氧化物[25]、陶瓷[26]、聚合物[23]、碳纳米管[27]和磁性纳米粒子[28])的有效黏合剂。此外，聚多巴胺薄膜表面上的活性儿茶酚、胺和亚胺基团还能与其他有机物质发生迈克尔加成或是席夫碱反应，从而进行进一步修饰。由于这种制备聚多巴胺薄膜的方法相对简单、温和且可控，研究者们将其应用于各种模板粒子(如二氧化硅[29-31]、聚苯乙烯[30]和碳酸钙粒子[32-34])并去除模板形成中空聚多巴胺胶囊[31]。值得一提的是，去除二氧化硅或聚苯乙烯基牺牲模板需要苛刻的化学试剂，这限制了聚多巴胺胶囊在生物医学领域的应用。另一种选择是碳酸钙颗粒，它很容易溶解在 Na_2EDTA 水溶液中，然而获得具有良好规整性和分散度的聚多巴胺胶囊仍然是一个挑战。

基于以上分析，我们拟基于仿生聚多巴胺微胶囊构建一种新型口服胰岛素可控给药系统(图 2-1)。以 $MnCO_3$微球为模板，利用多巴胺在碱性条件下的自聚合反应，在模红米昂却板表面形成一层聚多巴胺膜。之后采用温和的方法除去模板，即可得到聚多巴胺微胶囊。进一步，我们探索将聚多巴胺微胶囊应用于胰岛素的输送。这个工作提供了一种制备具有可控壳厚度和明确物理化学性质的聚多巴胺胶囊的新方法；通过改变制备过程中多巴胺的浓度和缓冲溶液的 pH 值，可以控制微胶囊的形貌和壁厚；并且，该微胶囊稳定性好，表面易于修饰荧光分子，有利于监控药物输送过程。

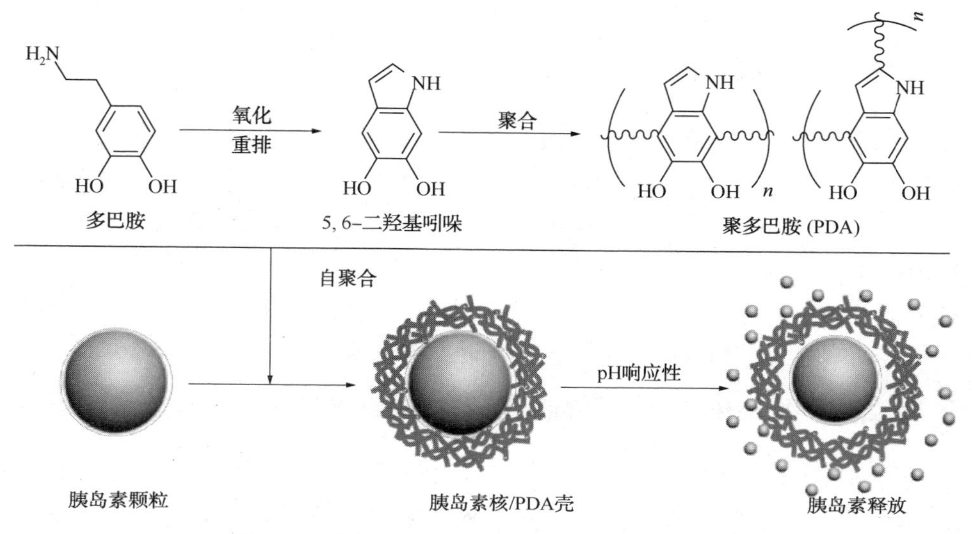

图 2-1　聚多巴胺微胶囊制备及应用过程示意图

2.2　实验研究

2.2.1　材料和仪器

多巴胺盐酸盐、三羟甲基氨基甲烷、异硫氰酸荧光素购自 Sigma Aldrich 公司。牛胰岛素、考马斯亮蓝 G250、氯化钠（NaCl）、磷酸缓冲溶液片剂购自 Solarbio 公司。盐酸（HCl）、氢氧化钠（NaOH）、硫酸锰（$MnSO_4$）、碳酸氢铵（NH_4HCO_3）、乙醇（C_2H_5OH）、乙二胺四乙酸二钠（Na_2EDTA）购自国药化学试剂有限公司。实验中使用的超纯水都是通过 Milli-Q apparatus 仪器（Millipore）制备的，其电阻率为 18.2MΩ · cm。

扫描电子显微镜（scanning electron microscopy，SEM，Hitachi S-4800）、透射电子显微镜（transmission electron microscopy，TEM，JEOL 2011）用以研究聚多巴胺微胶囊的表面形貌及结构。能量弥散 X 射线谱（energy dispersive X-ray，EDX）是通过一个外加在 SEM 上的 EDAX 探测器检测的。傅立叶变换红外光谱仪（Fourier transform infrared，FTIR，Bruker Tensor 27）、X 射线衍射仪（X-ray diffraction，XRD，Rigaku D/Max-2500）、X 射线光电子能谱仪（X-ray photoelectron spectra，XPS，VG ESCA-LAB 220i-XL）用以表征聚多巴胺微胶囊的成分组成。激光扫描共聚焦显微镜（confocal laser scanning microscopy，CLSM，Olympus Fluoview FV1000MPE)用以研究聚多巴胺微胶囊的染料分子负载情况。

2.2.2 $MnCO_3$模板粒子的制备

根据文献[35, 36]中描述的共沉淀法合成具有窄尺寸分布的$MnCO_3$微粒，具体方法如下：配制0.016mol/L $MnSO_4$溶液和0.16M NH_4HCO_3溶液。将100mL的$MnSO_4$水溶液与10mL乙醇混合($MnSO_4$水溶液与乙醇体积比为10∶1)，超声震荡5~10s。将上述$MnSO_4$乙醇水溶液与100mL的NH_4HCO_3水溶液快速混合后立即超声震荡，时间为15~30s，超声时间越长粒子越小，静置30min后通过3次离心(3000r/min，5min)和水洗的步骤，即可得到所需尺寸的$MnCO_3$模板粒子。

2.2.3 以$MnCO_3$为模板制备聚多巴胺微胶囊

将上述制备好的$MnCO_3$粒子使用Tris-HCl缓冲溶液(10mmol/L，pH=8.5)清洗两次，取上述制备的$MnCO_3$粒子分散在2mg/mL的多巴胺盐酸盐的Tris-HCl缓冲溶液(10mmol/L，pH=8.5)中，悬浮液在恒定的震荡速度下(900r/min)反应12h，通过3次离心(3000r/min，5min)和用新制的Tris-HCl缓冲溶液洗涤3次的步骤，收集深棕色的粒子。然后，将包覆聚多巴胺壳层的$MnCO_3$粒子分散到0.05mol/L的Na_2EDTA溶液(pH=7.4)中，震荡下反应30min，离心收集产物。重复上述除核反应3次以保证$MnCO_3$去除干净，之后通过3次离心(5000r/min，5min)和水洗的步骤，得到中空微胶囊，4°C下存放以备用。

2.2.4 聚多巴胺微胶囊的稳定性测试

聚多巴胺微胶囊的稳定性在磷酸盐缓冲溶液(pH=7.4)中进行评估。选取在Tris-HCl缓冲溶液不同pH条件下(pH= 6.5、7.5和8.5)制备的聚多巴胺胶囊在室温下浸泡在磷酸盐缓冲溶液中60天。在第一天和最后一天(第1天和第60天)使用扫描电子显微镜观察对比聚多巴胺胶囊形态的差异。

2.2.5 聚多巴胺微胶囊的染料分子负载实验

取一定量上述方法制备的聚多巴胺微胶囊，分散于FITC(0.1mg/mL，pH=8.5)溶液中，在震荡下反应12h(500r/min)，产物用磷酸盐缓冲溶液洗涤3次并离心分离(5000r/min，5min)，以除去未反应的FITC分子，最终得到颜色为棕色、略微带绿色的产物，即FITC标记的聚多巴胺微胶囊。将上述制备的聚多巴胺微胶囊分散到磷酸盐缓冲溶液中，混合均匀，取20μL经FITC标记的聚多巴胺微胶囊试样滴于载玻片上，用真空脂包封，在激发光源为488nm，荧光通道为510~570nm的激光扫描共聚焦显微镜下观察。

2.2.6 利用聚多巴胺微胶囊负载胰岛素

采用胰岛素在酸性溶液中盐析的方法制备胰岛素颗粒。使用 pH = 2.0 的盐酸溶液溶解胰岛素粉末，使其终浓度为 10mg/mL。向上述溶液中加入 NaCl，直到其浓度达到 0.6mol/L。在 15°C 下搅拌反应 1h。通过 3 次离心(3000r/min，3min)和水洗的步骤收集胰岛素颗粒。

将上述胰岛素颗粒分散在 Tris-HCl 缓冲溶液(10mmol/L，pH = 7.5)中，在 2mol/L NaCl 的存在下加入多巴胺盐酸盐使其终浓度达到 2mg/mL。在震荡下(900r/min)反应 12h，得到深棕色的产物。通过离心和含有 2mol/L NaCl 新制的 Tris-HCl 缓冲溶液清洗产物，得到聚多巴胺微胶囊包覆的胰岛素材料。

2.2.7 负载胰岛素的释放

分别使用 pH=7.4 和 pH=5.4 的两种磷酸盐缓冲溶液研究聚多巴胺微胶囊包覆胰岛素的药物释放行为。在 37℃、震荡(200r/mim)条件下将聚多巴胺微胶囊包覆的胰岛素分散在缓冲溶液下进行释放实验。分别在特定的时间离心上述混合物，取 0.5mL 的上清液，并加入相同体积的新制缓冲溶液继续反应。通过 Bradford 法测定 UV-Vis 在 595nm 处的吸收，从而定量上清液中胰岛素的浓度。特定时间释放胰岛素的相对含量是与其在指定时间内的最大释放量相比较得到的。

2.3 结果与讨论

2.3.1 聚多巴胺微胶囊的制备及表征

采用模板法在可溶除模板的表面沉积单体、寡聚物或是聚合物，是制备聚合物微胶囊的一种常用的方法。将聚合物微胶囊应用于生物医药领域的先决条件是这些胶囊的制备过程简单、除模板的过程对胶囊的形貌无损。于此，选择 $MnCO_3$ 粒子作为模板，因为其在中性的 Na_2EDTA 溶液中可以完全溶解，溶除条件温和，不会对微胶囊的形貌和性质产生重大的影响，如图 2-1 所示。其中，$MnCO_3$ 粒子由 $MnSO_4$ 与 NH_4HCO_3 反应制得，从图 2-2(a)的 SEM 照片可以看到，所制备的 $MnCO_3$ 粒子呈球形，平均粒径大约为 4.5μm。在放大的图像中[图 2-3(a)]，可以看到球形颗粒由微小的晶体组成，导致表面不均匀，可能是超声处理下微小晶核的均匀各向同性晶体生长引起的[36]。聚多巴胺微胶囊的制备过程如图 2-1 所示，多巴胺能够在 $MnCO_3$ 模板表面发生自聚合反应，用温和的 Na_2EDTA 溶液去除 $MnCO_3$ 核，可以得到规整的聚多巴胺微胶囊。图 2-2(b)给出了表面包覆有聚多巴胺壳层的 $MnCO_3$ 粒子，其表面变得粗糙。而除核之后得到的聚多巴胺微胶囊，干燥状态下呈现微胶囊经典的褶皱，表明了其中空结构，如图 2-2(c)和图 2-2(d)所示。其内表面结构如图 2-3(b)所示，保持了模板不平坦表面的原始形态。制备所得的微胶囊直径约为4.5μm，其大小与最初的 $MnCO_3$ 模板的尺寸基本一致。仔细观察微胶囊的 TEM 照片，发现其由纳米颗粒堆积而成，表面比较粗糙，这可能是聚多巴胺聚集形成的纳米粒子[37]。

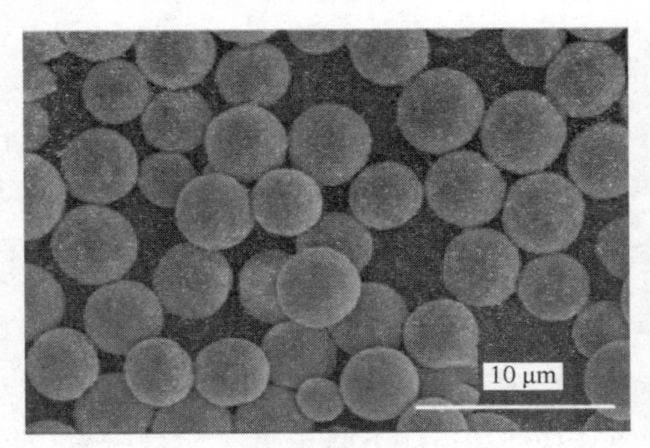

(a) $MnCO_3$ 模板粒子的SEM图

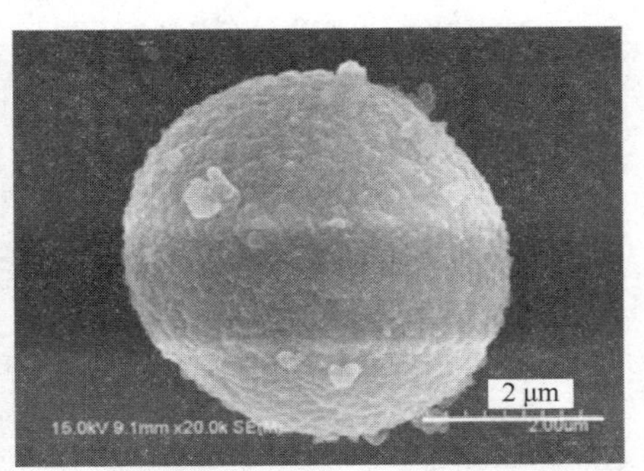

(b) 聚多巴胺壳层包覆的 $MnCO_3$ 模板粒子的SEM图

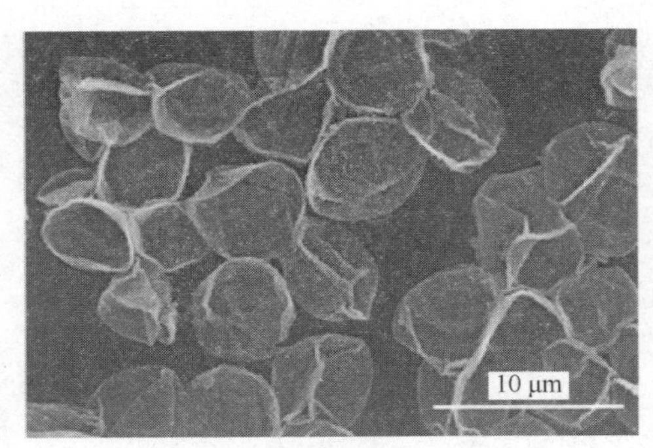

(c) 聚多巴胺微胶囊的SEM图

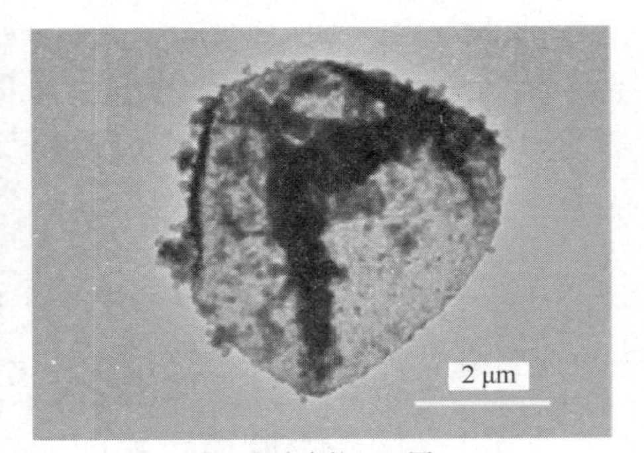

(d) 微胶囊的TEM图

图 2-2　聚多巴胺微胶囊的形貌图像

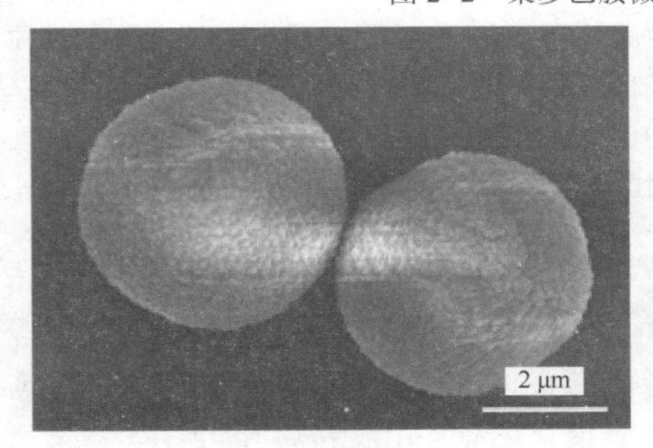

(a) 由微小晶体组成的 $MnCO_3$ 微粒

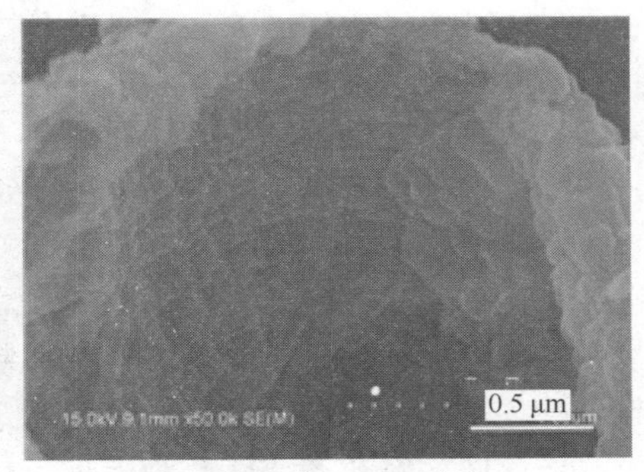

(b) 用温和的 Na_2EDTA 溶液去除 $MnCO_3$ 核后聚多巴胺胶囊的内表面

图 2-3　聚多巴胺微胶囊的放大 SEM 图像

能量弥散 X 射线谱(图 2-4)证实上述方法制备的聚多巴胺微胶囊是由碳、氮、氧和微量锰元素组成。较高含量的碳和氧元素证明了该微胶囊主要由多巴胺基元反应形成。此外，在 EDX 数据中还可以发现该微胶囊含有一定量的锰元素，这一点同样被 X 射线光电子能谱所证实，如图 2-5 所示。在上述微胶囊的制备过程中，通过 Na_2EDTA 与 $MnCO_3$之间发生络合反应生成锰的络合物，从而使 $MnCO_3$微粒解体除去模板。之后，锰离子可能会与聚多巴胺的酚羟基或是带负电的半醌结构相互作用，从而结合在聚多巴胺胶囊上，使得聚多巴胺微胶囊中含有少量的锰元素[38, 39]。

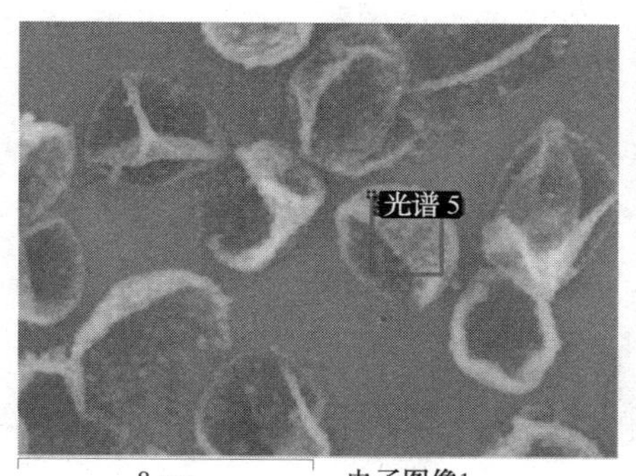

元素	质量分数/%	原子分数/%
C K	44.72	58.45
N K	5.94	6.66
O K	29.90	29.34
Mn L	19.44	5.56
总数	100.00	100.00

图 2-4　聚多巴胺微胶囊的 EDX 选区及各元素的相对含量分析

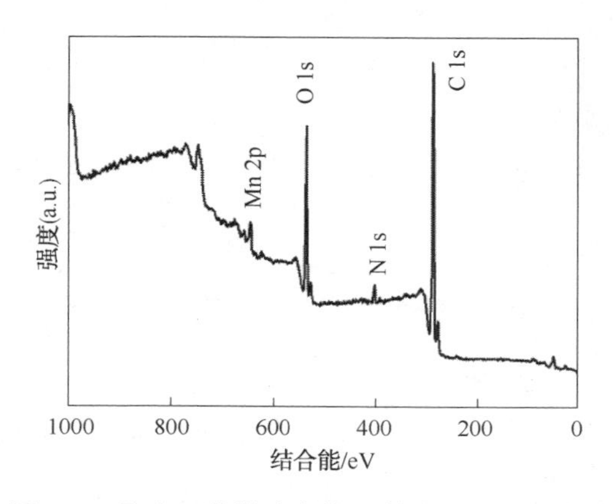

图 2-5　聚多巴胺微胶囊的 X 射线光电子能谱图

利用傅里叶变换红外光谱研究了微胶囊上化学基团的组成，如图 2-6(a)所示。聚多巴胺微胶囊红外光谱的吸收峰都比较宽，这是由多巴胺的不可控聚合引起的。合成微胶囊的光谱与以前报道的天然真黑素相似[37]，只是略有变化，表明它们的官能团高度相似。胶囊相对较宽的吸收峰是因为多巴胺的自发自聚合产生了几种化合物的混合物[21]。聚多巴胺微胶囊在 3200～3500cm^{-1}处有一个很宽的吸收峰，这是由酚羟基和氨基引起的。$1515cm^{-1}$和$1605cm^{-1}$处的吸收峰与文献报道的吲哚结构的吸收峰位置相一致[40]。$1718cm^{-1}$处有个不明显的吸收峰，可能为羰基的吸收峰，被$800 \sim 1750cm^{-1}$之间的宽吸收峰所遮盖。$1300cm^{-1}$附近的宽吸收峰是由C—N和C—O键伸缩振动引起的。$900 \sim 1300cm^{-1}$处的吸收峰是由苯环和苯酚的伸缩振动所引起的[32]，暗示着聚多巴胺微胶囊中芳香结构的存在。为了研究所制备微胶囊的堆积结构，进行了X射线衍射分析，如图2-6(b)所示。聚多巴胺微胶囊在2θ为23.4°有一个明显的衍射峰，其对应的d间距约为3.8Å，刚好与其他π-π堆积结构的间距相一致[41-43]。尽管目前多巴胺确切的聚合机理仍然不清楚，但被大家普遍认可的过程如下：在溶液中溶解氧存在下，多巴胺首先氧化为醌类结构，之后发生分子内环化，生成5，6-二羟基吲哚；5，6-二羟基吲哚及其醌类衍生物通过超分子作用力，如π-π堆积、电荷转移和氢键等，最终生成与真黑素类似的聚合物结构[21,44]。

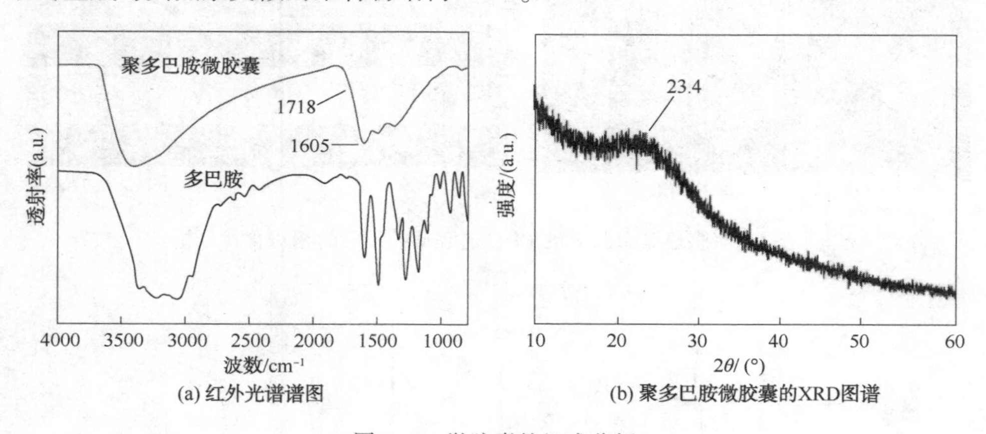

图2-6　微胶囊的组成分析

2.3.2　聚多巴胺微胶囊形貌和壁厚的调控

聚合物微胶囊的壁厚对其机械强度和渗透性起着决定性的作用，而这两种性质对于微胶囊负载药物的控制释放应用起着主导作用。在之前的研究中，Caruso等已经报道了多巴胺的聚合厚度随着时间变化的关系，聚多巴胺膜在硅粒子表面生长的情况为：聚合开始的最初6h，壁厚随着聚合时间增加而逐渐增加，之后是一个相对缓慢的增厚过程[29]。在该研究中，为了研究多巴胺的浓度和缓冲溶液的pH对于聚多巴胺微胶囊形貌和厚度的影响，固定聚合时间为12h。

首先研究了构筑基元多巴胺的浓度对于聚合物微胶囊的形貌和壁厚的影响。将$MnCO_3$粒子分散在多巴胺的Tris-HCl缓冲溶液(10mmol/L，pH=7.5)中，控制多巴胺的浓度分别为1mg/mL、2mg/mL、3mg/mL，制备得到的聚多巴胺微胶囊如图2-7所示。当多巴胺浓度为1mg/mL时，微胶囊保持规整的球状形貌，表面较为光滑；浓度为2mg/mL时，微胶囊略微塌陷，表面变得粗糙，并有一些纳米颗粒附着在胶囊表面；浓度为3mg/mL时，微胶囊完全的塌陷，带有明显的褶皱结构，表面吸附有较多的纳米颗粒物。上述实验现象的原因如下：在多巴胺浓度较低时，其自聚反应进行的较慢，而且容易黏附于$MnCO_3$粒子的表面开始聚合反应，最终形成微胶囊体；而多巴胺浓度较高时，其自聚反应进行较快，一部分多巴胺分子黏附于$MnCO_3$粒子的表面发生聚合反应形成微胶囊体，另一部分多巴胺分子在溶液中生成自聚体，这些自聚体聚集形成纳米颗粒，并且有些颗粒黏附于$MnCO_3$粒子的表面，最终形成表面吸附较多纳米颗粒物的聚多巴胺微胶囊。

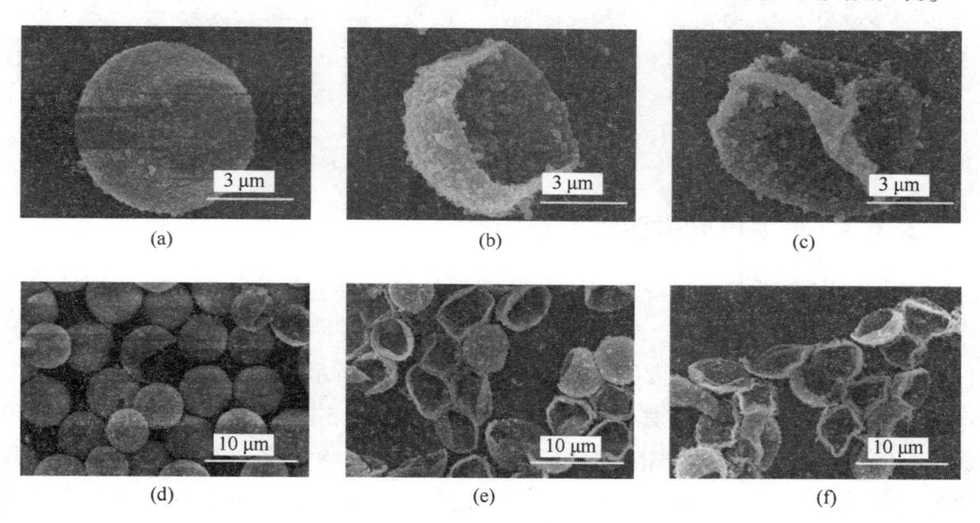

图2-7 采用不同浓度的多巴胺制备的聚合物微胶囊的SEM图

注：(a)、(d)1mg/mL、(b)、(e)2mg/mL和(c)、(f)3mg/mL

在研究缓冲溶液pH值对聚多巴胺微胶囊形貌和壁厚影响的实验过程中，发现10mmol/L的Tris-HCl缓冲溶液的pH值对多巴胺自聚反应速度影响很大。将$MnCO_3$模板分散于不同pH值的缓冲溶液中，均得到乳白色的悬浊液。反应开始5min内，pH=8.5的缓冲溶液体系经历一个由乳白色变为淡粉色、再变为棕色的过程，pH=7.5的缓冲溶液体系开始变为淡粉色，而pH=6.5的缓冲溶液体系仍然为乳白色。反应开始30min，pH=8.5的缓冲溶液体系变为深棕色，pH=7.5的缓冲溶液体系开始变为棕色，而pH=6.5的缓冲溶液体系才开始变为淡粉色。结果表明，在控制其他制备条件一致的前提下，多巴胺在pH=8.5的Tris-HCl缓冲液中反应速度最快，在pH=6.5的Tris-HCl缓冲液中反应速度最慢。这一结论与聚多巴胺薄膜在氧化硅衬底上的沉积动力学一致[45]。图2-8给出了在不同pH的缓冲溶液中得到的聚多巴胺微胶囊的SEM图。如图所示，在pH=6.5时制备的微胶囊壁较薄，干燥后结构很快就塌陷了，呈现出明显的褶皱形貌。而在pH=8.5条件下制备的微胶囊较厚，大部分能够很好地保持规整的球状形貌，直径在5μm左右。pH=7.5条件下制备的微胶囊处于上述两种微胶囊的中间状态，保持一个略微塌陷的球形结构。实验表明，在pH值为6.5~8.5的范围内，随着pH值的增加，多巴胺微胶囊的壁厚显著增加。这与文献中报道的邻苯二酚结构在弱碱性条件下容易被氧化为醌类结构，易发生自聚合反应的现象相一致[33]。

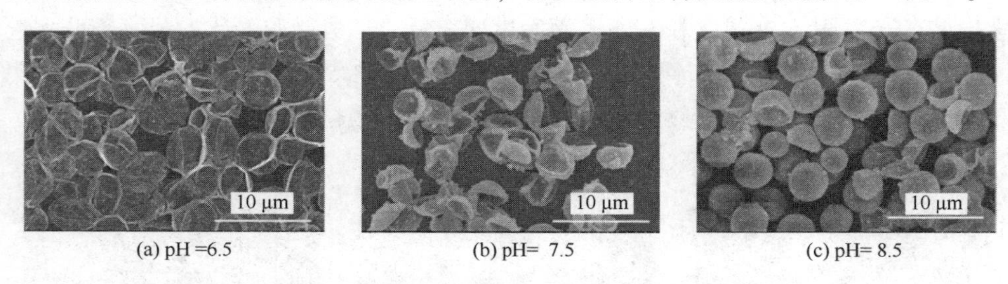

(a) pH =6.5 (b) pH= 7.5 (c) pH= 8.5

图2-8 不同pH下制备的聚多巴胺微胶囊的SEM图

2.3.3 聚多巴胺微胶囊的稳定性

为了研究上述方法制备聚多巴胺微胶囊的稳定性，选取不同pH值缓冲溶液中制备的聚多巴胺微胶囊，将其在室温下的磷酸盐缓冲溶液中保存60天。之后，使用扫描电子显微镜观察微胶囊的形貌，如图2-9所示。发现在不同条件下制备的微胶囊均能够很好保持其形貌不变，如在pH=6.5时制备的微胶囊的褶皱形貌，pH=7.5条件下略微塌陷的球形结构，以及pH=8.5条件下制备微胶囊的规整的球状形貌。以上实验结果证明，聚多巴胺微胶囊的稳定性较好，有利于将其作为药物输送载体商品化时的长时间保存和运输。

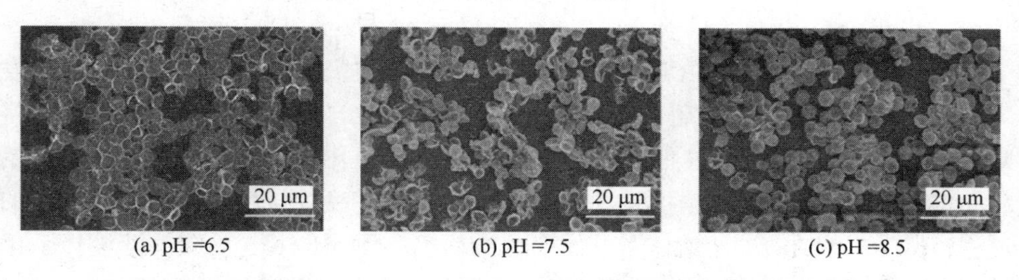

(a) pH =6.5 (b) pH =7.5 (c) pH =8.5

图2-9 采用不同pH的Tris-HCl缓冲溶液制备的微胶囊在磷酸盐缓冲溶液中保存60天后的SEM图

2.3.4 聚多巴胺微胶囊负载染料分子

在碱性水溶液中，FITC可以与聚多巴胺中的未环化胺基团发生加成反应[46-47]，因此我们以带负电荷的染料分子FITC为模型分子，研究了聚多巴胺微胶囊对于客体分子的负载性能。采用488nm的激光激发微胶囊，并在510~570nm通道收集荧光信号。图2-10给出了负载FITC聚多巴胺微胶囊的CLSM图。由图可以看出，聚多巴胺微胶囊在用FITC进行表面改性后呈现出明显的荧光，呈现出明显的FITC的荧光特性，证明了FITC的成功负载。相应的荧光强度分布曲线证明FITC分子结合在聚多巴胺微胶囊的囊壁上。综上所述，用FITC标记的聚多巴胺微胶囊的荧光特性将有利于监测用于体内药物递送的药物载体的安全性和有效性。

聚多巴胺微胶囊中富含活性的氨基和酚羟基基团，容易发生多种反应，如酚羟基与巯基的反应、酚羟基与多种金属离子的络合反应、氨基易发生迈克尔加成和席夫碱反应等，从而具有负载多种活性客体分子的功能。因此，可以预测更广泛的功能分子如药物分子也能够负载于聚多巴胺微胶囊表面，从而将聚多巴胺微胶囊作为药物载体应用于生物医药领域。

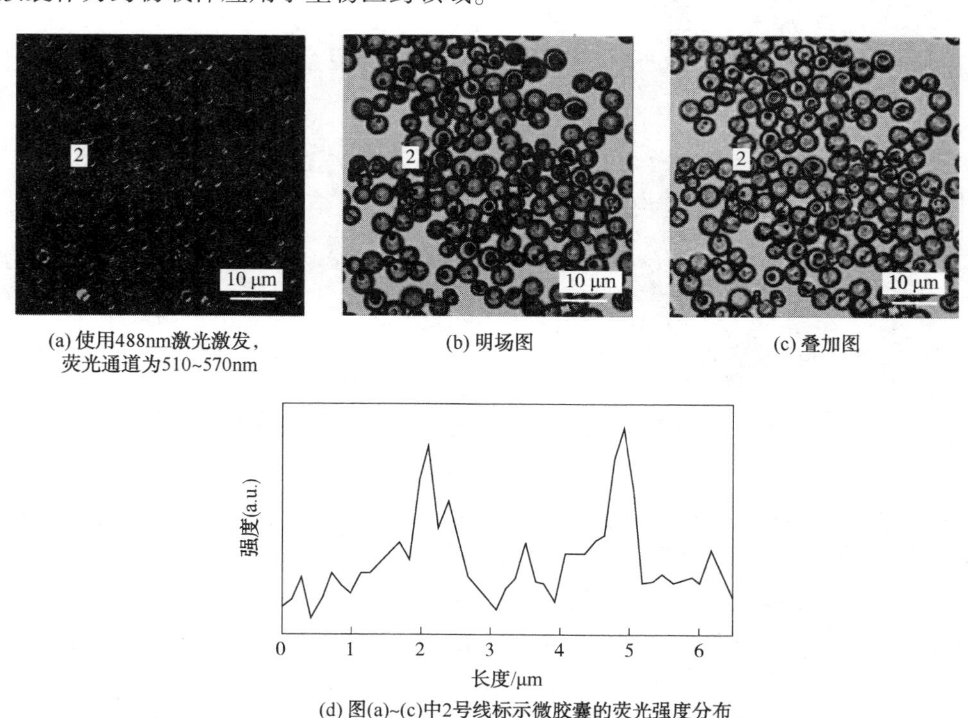

(a) 使用488nm激光激发，荧光通道为510~570nm

(b) 明场图

(c) 叠加图

(d) 图(a)~(c)中2号线标示微胶囊的荧光强度分布

图2-10　负载FITC的聚多巴胺微胶囊的CLSM图

2.3.5　聚多巴胺微胶囊负载胰岛素及其释放行为

聚多巴胺微胶囊被认为是理想的药物输送载体[48-50]。据文献报道，聚多巴胺胶囊是生物相容的，可以提高药物的生物利用度并促进靶向给药[29, 51-53]。在这个研究中，我们以聚多巴胺微胶囊为载体，将其作为壳层负载胰岛素颗粒，并研究了胰岛素的释放行为。采用在酸性溶液中盐析(0.6mol/L NaCl)的简单方法制备了尺寸约为1.5μm的胰岛素颗粒[19, 54]。以该胰岛素颗粒为核，通过多巴胺在碱性溶液中的氧化自聚合反应，在其表面包覆聚多巴胺微胶囊，从而得到聚多巴胺微胶囊包覆胰岛素的药物输送体系。图2-11(a)和图2-11(b)分别给出了未包覆以及包覆了聚多巴胺微胶囊之后胰岛素颗粒的形貌。我们可以清晰看到，包覆之前的胰岛素颗粒比较粗糙，包覆了聚多巴胺微胶囊之后变得光滑。包覆微胶囊前后的胰岛素颗粒的尺寸都约为1.5μm，表明聚多巴胺的包覆厚度较薄。

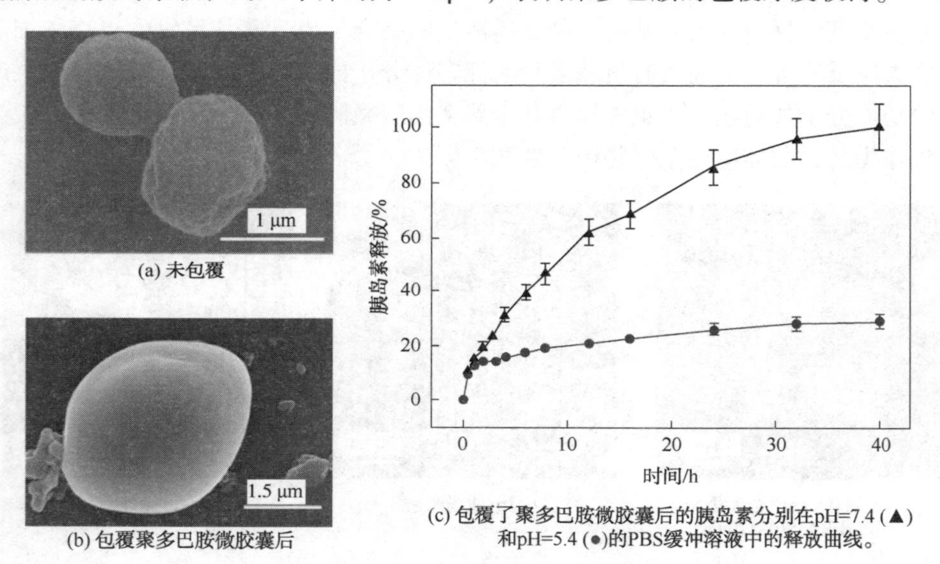

图2-11 聚多巴胺微胶囊负载胰岛素及其药物释放性能

分别使用模拟人体体液中性(pH=7.4)和酸性(pH=5.4)的PBS缓冲溶液研究了聚多巴胺微胶囊负载胰岛素药物输送体系的释放行为。图2-11(c)分别给出了在两种缓冲溶液中的胰岛素释放曲线。在pH=5.4的缓冲溶液中，释放进行2h的时候，大约有达到其最大释放量50%的胰岛素释放。而在pH=7.4的缓冲溶液中，胰岛素从开始释放到最终40h呈现了缓慢的释放；在40h的时候，达到最大释放量。而在pH=5.4的缓冲溶液中，在40h的释放量仅为pH=7.4体系中的29%。因此，在聚多巴胺微胶囊负载的胰岛素药物输送体系中，胰岛素呈现了pH响应性的释放，在酸性溶液中释放较少，而在中性溶液中释放较多。这可能是因为pH=5.4接近胰岛素的等电点(isoelectric point，PI 5.5)，此时胰岛素的溶解性差；而在pH=7.4的缓冲溶液体系中，胰岛素带有负电荷，溶解性更好，引起的释放行为差别较大。这种特殊的释放性能有望满足糖尿病患者胰岛素口服给药的需求，在酸性的胃中胰岛素释放较少，而在中性偏碱性的肠道中释放胰岛素，更加有利于胰岛素的吸收。

2.4 本章小结

本研究以 $MnCO_3$颗粒为模板，利用多巴胺在碱性条件下氧化聚合的反应，制备得到了形貌可控的聚多巴胺微胶囊。通过改变制备过程中多巴胺的浓度和缓冲溶液的 pH 值，可以制备不同形貌和壁厚的微胶囊。研究发现该微胶囊稳定性较好，利于长时间保存和运输。其表面具有酚羟基和氨基等活性基团，易于修饰荧光分子和药物分子。并且，这种聚多巴胺微胶囊可作为胰岛素药物的输送载体。聚多巴胺微胶囊负载胰岛素输送体系表现出 pH 响应性的释放行为，可应用于胰岛素的口服给药，有望解决糖尿病患者的给药难题。

参 考 文 献

[1] Breitenkamp K. , Emrick T. Novel polymer capsules from amphiphilic graft copolymers and cross-metathesis. Journal of the American Chemical Society, 2003, 125(40).

[2] He Q. , Cui Y. , Li J. Molecular assembly and application of biomimetic microcapsules. Chemical Society Reviews, 2009, 38(8): 2292-2303.

[3] Javier A. M. , Kreft O. , Semmling M. , et al. Uptake of colloidal polyelectrolyte-coated particles and polyelectrolyte multilayer capsules by living cells. Advanced Materials, 2008, 20(22): 4281-4287.

[4] Pastoriza-Santos I. , Schöler B. , Caruso F. Core-shell colloids and hollow polyelectrolyte capsules based on diazoresins. Advanced Functional Materials, 2001, 11(2): 122-128.

[5] Poe S. L. , Kobašlija M. , McQuade D. T. Mechanism and application of a microcapsule enabled multicatalyst reaction. Journal of the American Chemical Society, 2007, 129(29): 9216-9221.

[6] Caruso F. , Caruso R. A. , Möhwald H. Nanoengineering of inorganic and hybrid hollow spheres by colloidal templating. Science, 1998, 282(5391): 1111-1114.

[7] De Geest B. G. , Sanders N. N. , Sukhorukov G. B. , et al. Release mechanisms for polyelectrolyte capsules. Chemical Society Reviews, 2007, 36(4): 636-649.

[8] Peyratout C. S. , Daehne L. Tailor-made polyelectrolyte microcapsules: from multilayers to smart containers. Angewandte Chemie International Edition, 2004, 43(29): 3762-3783.

[9] Wang Y. , Angelatos A. S. , Caruso F. Template synthesis of nanostructured materials via layer-by-layer assembly. Chemistry of Materials, 2008, 20(3): 848-858.

[10] Ariga K. , Li J. , Fei J. , et al. Nanoarchitectonics for dynamic functional materials from atom-

ic-/molecular-level manipulation to macroscopic action. Advanced Materials, 2016, 28(6): 1251-1286.

[11] Ariga K. , Yamauchi Y. , Rydzek G. , et al. Layer-by-layer nanoarchitectonics: invention, innovation, and evolution. Chemistry Letters, 2014, 43(1): 36-68.

[12] Tong W. , Song X. , Gao C. Layer-by-layer assembly of microcapsules and their biomedical applications. Chemical Society Reviews, 2012, 41(18): 6103-6124.

[13] Lee T. , Min S. H. , Gu M. , et al. Layer-by-layer assembly for graphene-based multilayer nanocomposites: synthesis and applications. Chemistry of Materials, 2015, 27 (11): 3785-3796.

[14] Donath E. , Sukhorukov G. B. , Caruso F. , et al. Novel hollow polymer shells by colloid-templated assembly of polyelectrolytes. Angewandte Chemie International Edition, 1998, 37 (16): 2201-2205.

[15] Zelikin A. N. , Li Q. , Caruso F. Degradable polyelectrolyte capsules filled with oligonucleotide sequences. Angewandte Chemie International Edition, 2006, 45 (46): 7743-7745.

[16] Wang A. , Tao C. , Cui Y. , et al. Assembly of environmental sensitive microcapsules of PNIPAAm and alginate acid and their application in drug release. Journal of Colloid and Interface Science, 2009, 332(2): 271-279.

[17] Zhang Y. , Cao W. Stable self-assembled multilayer films of diazo resin and poly (maleic anhydride-co-styrene) based on charge-transfer interaction. Langmuir, 2001, 17 (16): 5021-5024.

[18] Jia Y. , Li J. Molecular assembly of Schiff base interactions: construction and application. Chemical Reviews, 2015, 115(3): 1597-1621.

[19] Qi W. , Yan X. , Fei J. , et al. Triggered release of insulin from glucose-sensitive enzyme multilayer shells. Biomaterials, 2009, 30(14): 2799-2806.

[20] Jia Y. , Cui Y. , Fei J. , et al. Construction and evaluation of hemoglobin-based capsules as blood substitutes. Advanced Functional Materials, 2012, 22(7): 1446-1453.

[21] Della Vecchia N. F. , Avolio R. , Alfè M. , et al. Building-block diversity in polydopamine underpins a multifunctional eumelanin-type platform tunable through a quinone control point. Advanced Functional Materials, 2013, 23(10): 1331-1340.

[22] Ejima H. , Richardson J. J. , Liang K. , et al. One-step assembly of coordination complexes for versatile film and particle engineering. Science, 2013, 341(6142): 154-157.

[23] Lee H. , Dellatore S. M. , Miller W. M. , et al. Mussel-inspired surface chemistry for multifunctional coatings. Science, 2007, 318(5849): 426-430.

[24] Zhou J. , Duan B. , Fang Z. , et al. Interfacial assembly of mussel-inspired Au@ Ag@ polydopamine core-shell nanoparticles for recyclable nanocatalysts. Advanced Materials, 2014, 26 (5): 701-705.

[25] Zhang L. , Wu J. , Wang Y. , et al. Combination of bioinspiration: a general route to superhydrophobic particles. Journal of the American Chemical Society, 2012, 134(24): 9879-9881.

[26] Chien C. Y. , Liu T. Y. , Kuo W. H. , et al. Dopamine - assisted immobilization of hydroxyapatite nanoparticles and RGD peptides to improve the osteoconductivity of titanium. Journal of Biomedical Materials Research Part A, 2013, 101(3): 740-747.

[27] Fei B. , Qian B. , Yang Z. , et al. Coating carbon nanotubes by spontaneous oxidative polymerization of dopamine. Carbon, 2008, 46(13): 1795-1797.

[28] Si J. , Yang H. Preparation and characterization of bio - compatible Fe_3O_4@ polydopamine spheres with core/shell nanostructure. Materials Chemistry and Physics, 2011, 128(3): 519-524.

[29] Postma A. , Yan Y. , Wang Y. , et al. Self-polymerization of dopamine as a versatile and robust technique to prepare polymer capsules. Chemistry of Materials, 2009, 21(14): 3042-3044.

[30] Yu B. , Wang D. A. , Ye Q. , et al. Robust polydopamine nano/microcapsules and their loading and release behavior. Chemical Communications, 2009, (44): 6789-6791.

[31] Cui X. , Yin Y. , Ma Z. , et al. Polydopamine used as hollow capsule and core-shell structures for multiple applications. Nano, 2015, 10(05).

[32] Zhang L. , Shi J. , Jiang Z. , et al. Facile preparation of robust microcapsules by manipulating metal-coordination interaction between biomineral layer and bioadhesive layer. ACS Applied Materials & Interfaces, 2011, 3(2): 597-605.

[33] Zhang L. , Shi J. , Jiang Z. , et al. Bioinspired preparation of polydopamine microcapsule for multienzyme system construction. Green Chemistry, 2011, 13(2): 300-306.

[34] Shi J. , Yang C. , Zhang S. , et al. Polydopamine microcapsules with different wall structures prepared by a template-mediated method for enzyme immobilization. ACS Applied Materials & Interfaces, 2013, 5(20): 9991-9997.

[35] Antipov A. A. , Shchukin D. , Fedutik Y. , et al. Carbonate microparticles for hollow polyelectrolyte capsules fabrication. Colloids and Surfaces A: Physicochemical and Engineering Aspects, 2003, 224(1-3): 175-183.

[36] Zhu H. , Stein E. W. , Lu Z. , et al. Synthesis of size-controlled monodisperse manganese carbonate microparticles as templates for uniform polyelectrolyte microcapsule formation. Chemistry of Materials, 2005, 17(9): 2323-2328.

[37] Ju K. -Y. , Lee Y. , Lee S. , et al. Bioinspired polymerization of dopamine to generate melanin - like nanoparticles having an excellent free - radical - scavenging property. Biomacromolecules, 2011, 12(3): 625-632.

[38] Lydén A. , Larsson B. S. , Lindquist N. G. Melanin affinity of manganese. Acta Pharmacologica et Toxicologica, 1984, 55(2): 133-138.

[39] Szpoganicz B. , Gidanian S. , Kong P. , et al. Metal binding by melanins: studies of colloidal dihydroxyindole-melanin, and its complexation by Cu(Ⅱ) and Zn(Ⅱ) ions. Journal of Inorganic Biochemistry, 2002, 89(1-2): 45-53.

[40] O´Sullivan D. J. 657. Vibrational frequency correlations in heterocyclic molecules. Part Ⅵ. Spectral features of a range of compounds possessing a benzene ring fused to a five-membered ring. Journal of the Chemical Society (Resumed), 1960, 3278-3284.

[41] Chen C. T. , Ball V. , Gracio J. J. , et al. Self-assembly of tetramers of 5, 6-dihydroxyindole explains the primary physical properties of eumelanin: experiment, simulation, and design. ACS Nano, 2013, 7(2): 1524-1532.

[42] Liao F. , Yin S. , Toney M. , et al. Physical discrimination of amine vapor mixtures using polythiophene gas sensor arrays. Sensors and Actuators B: Chemical, 2010, 150(1): 254-263.

[43] Dreyer D. R. , Miller D. J. , Freeman B. D. , et al. Elucidating the structure of poly(dopamine). Langmuir, 2012, 28(15): 6428-6435.

[44] Hong S. , Na Y. S. , Choi S. , et al. Non-covalent self-assembly and covalent polymerization co-contribute to polydopamine formation. Advanced Functional Materials, 2012, 22(22): 4711-4717.

[45] Ball V. , Del Frari D. , Toniazzo V. , et al. Kinetics of polydopamine film deposition as a function of pH and dopamine concentration: insights in the polydopamine deposition mechanism. Journal of Colloid and Interface Science, 2012, 386(1): 366-372.

[46] d'Ischia M. , Napolitano A. , Ball V. , et al. Polydopamine and eumelanin: from structure-property relationships to a unified tailoring strategy. Accounts of Chemical Research, 2014, 47(12): 3541-3550.

[47] Albin M. , Weinberger R. , Sapp E. , et al. Fluorescence detection in capillary electrophoresis: evaluation of derivatizing reagents and techniques. Analytical Chemistry, 1991, 63(5): 417-422.

[48] Mitragotri S. , Anderson D. G. , Chen X. , et al. Accelerating the translation of nanomaterials in biomedicine. ACS Nano, 2015, 9(7): 6644-6654.

[49] Veiseh O. , Tang B. C. , Whitehead K. A. , et al. Managing diabetes with nanomedicine: challenges and opportunities. Nature Reviews Drug Discovery, 2015, 14(1): 45-57.

[50] Daimon Y. , Izawa H. , Kawakami K. , et al. Media-dependent morphology of supramolecular aggregates of β-cyclodextrin-grafted chitosan and insulin through multivalent interactions. Journal of Materials Chemistry B, 2014, 2(13): 1802-1812.

[51] Ku S. H. , Ryu J. , Hong S. K. , et al. General functionalization route for cell adhesion on non-wetting surfaces. Biomaterials, 2010, 31(9): 2535-2541.

[52] Liu X. , Cao J. , Li H. , et al. Mussel-inspired polydopamine: a biocompatible and ultrastable coating for nanoparticles in vivo. ACS Nano, 2013, 7(10): 9384-9395.

[53] Liu Y. , Ai K. , Liu J. , et al. Dopamine-melanin colloidal nanospheres: an efficient near-infrared photothermal therapeutic agent for in vivo cancer therapy. Advanced Materials, 2013, 25 (9): 1353-1359.

[54] Fan Y. , Wang Y. , Fan Y. , et al. Preparation of insulin nanoparticles and their encapsulation with biodegradable polyelectrolytes via the layer-by-layer adsorption. International Journal of Pharmaceutics, 2006, 324(2): 158-167.

第3章 多巴胺与杂多酸共组装制备花状分级纳米结构及其药物输送应用

3.1 引 言

三维分级纳米结构具有多种独特的物理化学性质，并在电、磁、光电、催化、生物医学等领域具有广阔的应用前景，引起了科研工作者们越来越多的关注和强烈的研究兴趣[1-9]。自组装被认为是制备三维分级纳米结构最简单的方法[10]。然而，开发简便可靠的方法以制备化学组分固定、尺寸和形貌可控的三维分级自组装结构仍然是一个很大的挑战。

多巴胺是一种中枢神经系统中普遍存在的神经递质[11, 12]。近年来，多巴胺由于可以在碱性条件下发生氧化聚合生成聚多巴胺，而且能够在各种有机和无机基底表面上自聚成膜，吸引了众多科研工作者的研究兴趣[13-18]。Messersmith 及其合作者证明，聚多巴胺的结构与富含 3，4-二羟基苯丙氨酸和赖氨酸的水生生物贻贝的黏着斑化学结构相近，使得多巴胺成为一种新颖的制备表面涂层材料的仿生构筑基元[19]。另一方面，多金属氧酸盐(polyoxometalates，POMs)是一类常见的金属-氧纳米团簇，由于其可控的尺寸、形貌和高负电性，以及其多样的电、磁、光化学和独特的催化性质，经常被用作构建有机-无机杂化材料[20-22]。在以往的工作中，研究人员尝试通过生物分子和多金属氧酸盐的共组装，制备功能性的有机-无机杂化材料[23, 24]。但是，并未见使用生物活性分子与多金属氧酸盐制备具有功能性的三维分级纳米结构的报道。

基于以上背景，本章研究拟采用被广泛研究的 Keggin 型多金属氧酸盐磷钨酸(phosphotungstic acid，PTA)为模型分子，将其与生物小分子多巴胺共组装，制备花状分级纳米结构。该三维分级纳米结构的尺寸和形貌可以通过改变实验参数实现控制，如两种构筑基元的浓度、比例和缓冲溶液的 pH 值。此外，本章还将详细研究该有机–无机杂化材料的组装机理，并深入探讨该花状微球在口服抗癌药物输送方面的潜在应用。

3.2 实验研究

3.2.1 材料和仪器

多巴胺盐酸盐、磷钨酸、三羟甲基氨基甲烷购自 Sigma Aldrich 公司。磷酸缓冲溶液片剂购自 Solarbio 公司。阿霉素盐酸盐购自 Aladdin 公司。甘氨酸和盐酸购自国药化学试剂有限公司。实验中使用的超纯水都是通过 Milli-Q apparatus 仪器(Millipore)制备的，其电阻率为 18.2MΩ · cm。

扫描电子显微镜、透射电子显微镜用以研究花状分级纳米结构的表面形貌及结构。能量弥散 X 射线谱是通过一个外加在 SEM 上的探测器检测的。傅立叶变换红外光谱仪、X 射线衍射仪、X 射线光电子能谱仪、DXR 拉曼显微镜(DXR Raman microscope)用以表征花状分级纳米结构的成分组成。紫外–可见分光光度计(ultraviolet-visible spectrophotometer，UV/Vis，Hitachi U-3010)测试各个样品的紫外光谱。花状微球的 Zeta 电位是通过 Zetasizer 仪器(Malvern Instruments)测试的。氮吸附孔隙率是用比表面积和孔隙率分析仪(specific surface area and porosity analyzer，ASAP 2020)测定的。激光扫描共聚焦显微镜用以研究花状微球的抗癌药物负载实验。

3.2.2 花状分级纳米结构的制备

花状分级纳米结构的典型制备方案如下：多巴胺(1mg)和磷钨酸(1mg)分别溶解在 0.5mL 的 10mmol/L 的 Tris-HCl 缓冲溶液(pH = 10.5)中。将上述磷钨酸溶液迅速地加入多巴胺溶液中，溶液在 30s 内呈现黄色浑浊。静置 2h 后，通过 3 次离心(5000r/min、5min)和水洗的步骤，去除未反应的前驱体，收集实验产物。

3.2.3 花状分级纳米结构的药物负载实验

该实验采用阿霉素作为模型药物研究了该花状分级纳米结构的药物负载性能。取 10mg 在 Tris-HCl 缓冲溶液(10mmol/L，pH = 9.5)中制备的花状微球，将其分散在阿霉素的水溶液(1mg/mL，5mL)中，在室温下混合震荡吸附 12h。之后，通过用超纯水洗涤 3 次和离心(5000r/min，5min)的步骤，去除未吸附的药物阿霉素，得到负载阿霉素的花状微球。通过测试负载前后阿霉素溶液在 479nm

处特征吸收值，计算得到花状微球上吸附阿霉素的量。

3.2.4 负载阿霉素的花状分级纳米结构的药物释放性能

阿霉素的释放行为研究是在酸性的甘氨酸-HCl(pH=2.8)和中性的磷酸盐(pH=7.4)缓冲溶液中进行的。将由上述实验步骤得到负载有阿霉素的花状微球分散在5mL的缓冲溶液中，在振荡器的震荡下(500r/min)释放。在一定时间间隔取出等分试样(0.5mL)的上清液，并在体系中加入等量的新鲜缓冲溶液。阿霉素的释放量是通过测量上清液在479nm处的吸收值计算得到的。

3.3 结果与讨论

3.3.1 通过共组装制备花状分级纳米结构

以质量比为1∶1的多巴胺和磷钨酸分子为构筑基元，共组装得到花状分级纳米结构材料。当无色透明的多巴胺和磷钨酸的溶液混合后，首先得到透明的黄色溶液，经过几分钟的陈化后变成混浊的悬浮液溶液，如图3-1所示。经过2h陈化后，收集用水清洗后的产物，然后通过扫描电子显微镜成像，其形貌结构如图3-2所示。图3-2(a)和图3-2(b)显示上述方法制备的材料具有高度规则和层次结构，尺寸范围在2~6.5μm之间。图3-2(c)显示花状微球的精细结构，这些微球是由大量具有光滑表面的纳米片彼此交错堆积而成，纳米片的厚度约为20nm，宽度为300~500nm，通过一个中心核心连接起来，形成三维花状的层次结构。高分辨透射电子显微镜(high-resolution transmission electron microscopy,

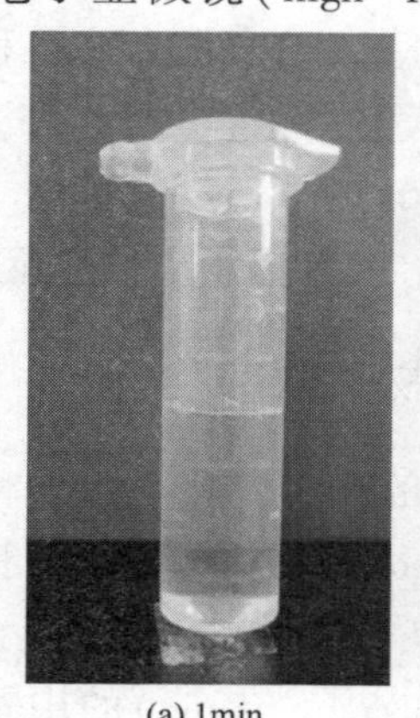

(a) 1min

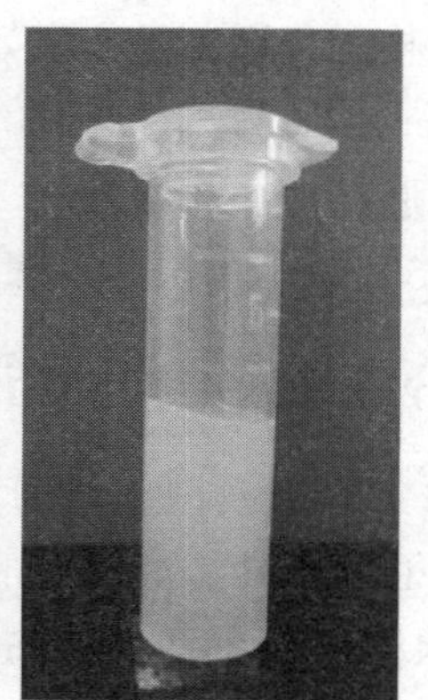

(b) 10min

图3-1　经过不同的陈化时间后共混溶液的照片

HR-TEM)图[图3-2(d)]显示，这些纳米片是由高衬度的磷钨酸团簇外围包裹低衬度的多巴胺壳层的基本结构单元组成[23]。能量弥散X射线谱(图3-3)证实花状分级纳米结构是由碳、氮、氧、磷和钨元素组成，进一步证明了其是由多巴胺和磷钨酸共组装得到的。

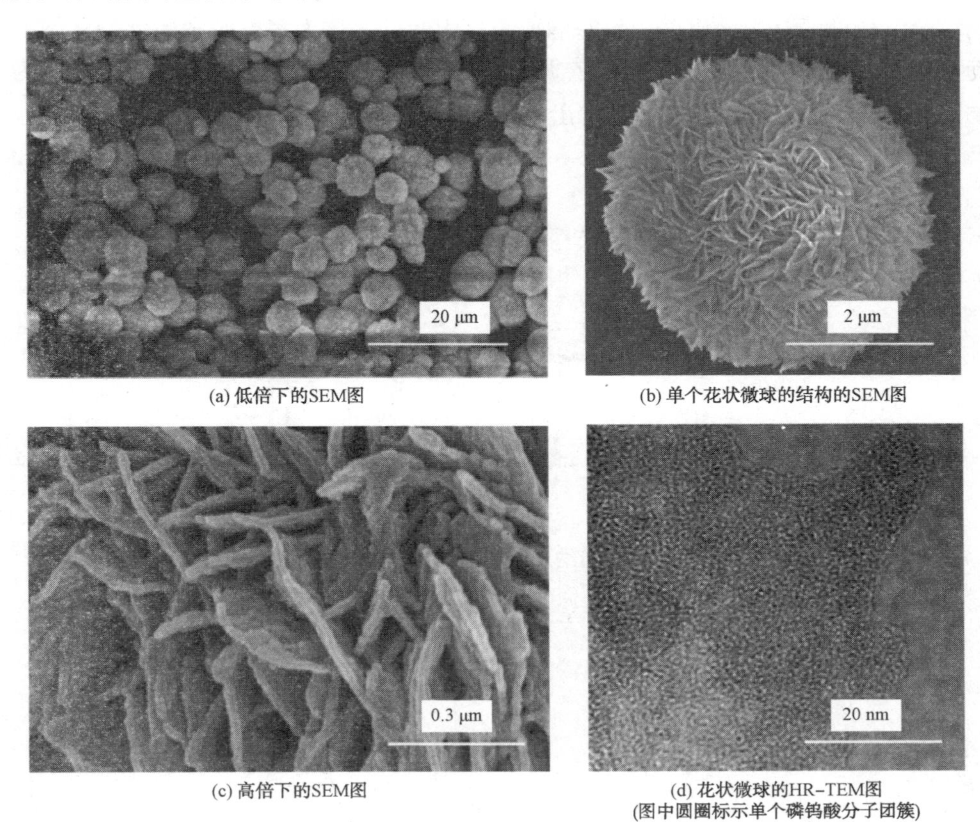

(a) 低倍下的SEM图

(b) 单个花状微球的结构的SEM图

(c) 高倍下的SEM图

(d) 花状微球的HR-TEM图
(图中圆圈标示单个磷钨酸分子团簇)

图3-2 花状分级纳米结构的形貌图像

元素	质量分数/%	原子分数/%
C K	22.14	59.84
N K	3.59	8.31
O K	9.40	19.08
P K	1.50	1.57
W M	63.37	11.19
总数	100.00	100.00

图3-3 三维分级纳米结构的EDX图案和各元素的相对含量分析

之后，进一步使用多种实验方法和技术研究该花状微球的组成。X 射线光电子能谱(图 3-4)显示花状分级纳米结构是由氧、氮、碳、钨等元素组成，再次证实了多巴胺和磷钨酸两组分的共组装。在图 3-5(a)中，花状微球的 N1s 谱中有两个清晰可辨的峰。其中，结合能为 399.4eV 的峰归于烷基胺[25]，另外一个较高结合能处的峰是由多巴胺中氨基的质子化引起的，这为多巴胺和磷钨酸之间的静电相互作用的存在提供了可靠依据。花状微球的 W4f 谱显示 $4f_{7/2}$ 的结合能为 35.8eV[图 3-5(b)]，并能够分辨出其特征的自旋-轨道对[24]。

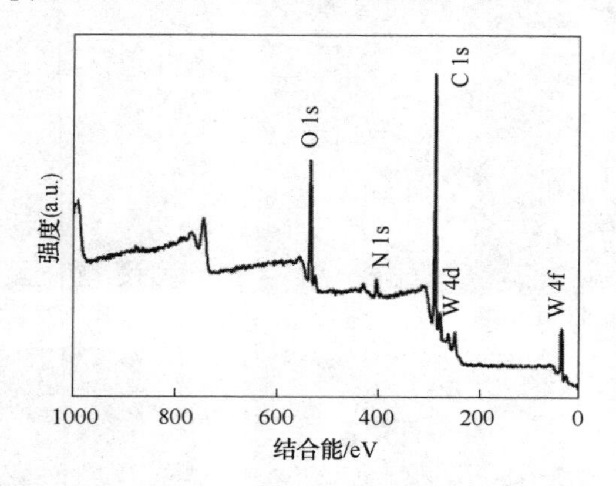

图 3-4　花状分级纳米结构的 X 射线光电子能谱图

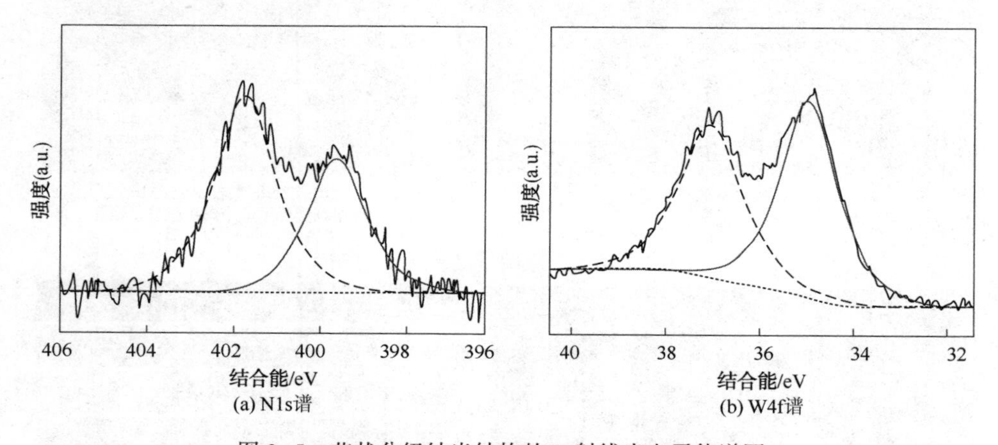

图 3-5　花状分级纳米结构的 X 射线光电子能谱图

如图 3-6(a)给出了花状微球、多巴胺和磷钨酸的红外光谱，磷钨酸的红外光谱中呈现出 Keggin 结构单元主要的四个吸收峰，分别为：$\nu(P-O_a)$伸缩振动峰 $1080cm^{-1}$、$\nu(W=O_d)$伸缩振动峰 $982cm^{-1}$、$\nu(W-O_b-W)$伸缩振动峰 $890cm^{-1}$、$\nu(W-O_c-W)$伸缩振动峰 $810cm^{-1}$(曲线 3)[26]。在多巴胺和磷钨酸分子共组装之后，ν(W−O_b−W)和 ν(W−O_c−W)伸缩振动峰分别红移到 899cm^{-1} 和 823cm^{-1}(曲线 2)，证明了两组分之间存在着某种相互作用，可能为较强的氢键或是静电相互作用[24]。花状分级纳米结构的其他红外吸收峰与纯的多巴胺(曲线 1)相一致，再次证实了多巴胺和磷钨酸两组分的共组装。图 3-6(b)给出了花状微球和磷钨酸的 X 射线衍射图谱。磷钨酸的 X 射线衍射图谱(图案 2)呈现了 Keggin 型多金属氧酸盐的特征衍射峰[27]。将花状微球和磷钨酸两者对比，除了磷钨酸的特征峰之外，花状微球在 2θ 为 13.9°和 16.7°处出现两个新的衍射峰(图案 1)，证明多巴胺和磷钨酸在通过强相互作用共组装后形成了新的晶态结构，但是精确的晶体结构需要进一步研究。

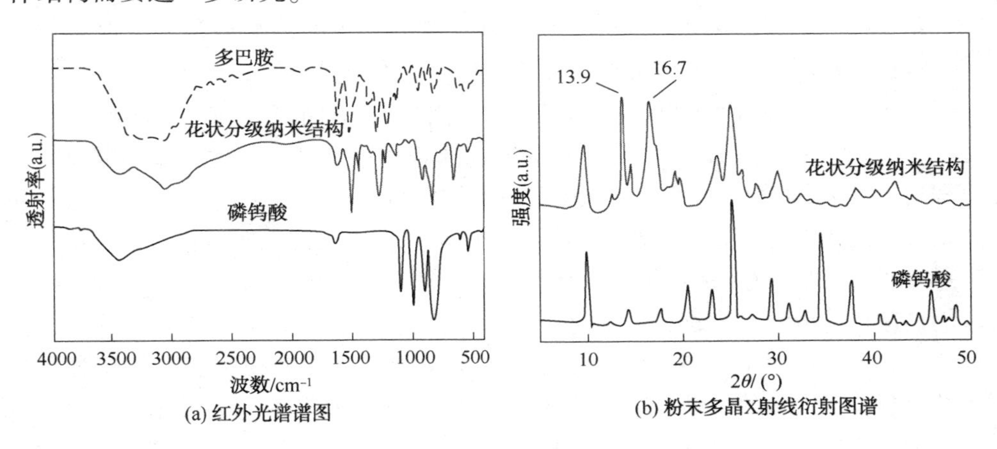

图 3-6　花状分级纳米结构的组成分析

3.3.2　花状分级纳米结构的形成机理

为了探讨花状分级纳米结构的形成机理，我们使用扫描电子显微镜研究了在不同陈化时间下制备材料的形貌，如图 3-7 所示。经过 2min 的陈化[图 3-7(a)]，制备得到表面粗糙的微球，直径约为 2μm，其由直径为 70nm 左右的纳米粒子松散地堆积而成。随着组装的进行，最初的聚集体表面生长出光滑的片层结构，形成直径在 3.5μm 的椭球形分级纳米结构[图 3-7(b)]。经过 60min 的陈化[图 3-7(c)]，制备所得材料最终生长为规整的球形分级纳米材料，直径约为 5.5μm。这些花状分级纳米结构是由数百个厚度约为 20nm 的纳米片堆积而成，其表面光滑致密。经过更长时间的陈化，产物的尺寸和形貌不再发生变化。此外，如此制备的花状分级纳米结构即使经过 30min 的超声处理，也不会被毁坏或是分散成单个的纳米片，表明花状分级纳米结构的稳定性非常好，也证明了多巴胺和磷钨酸分子之间的强的相互作用。

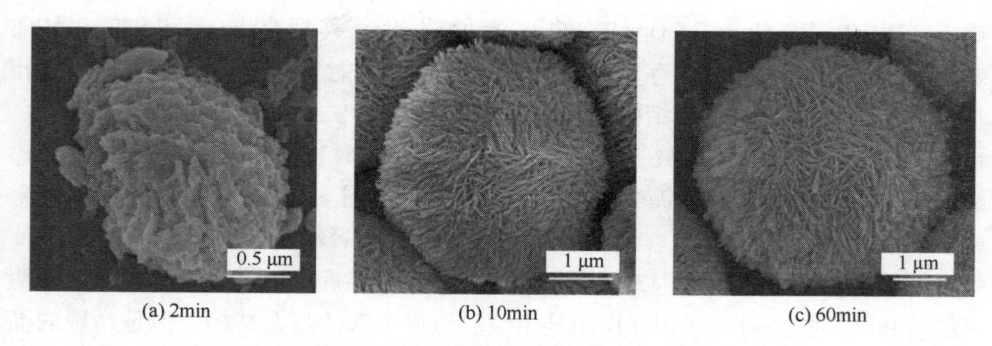

图 3-7　经过不同的陈化时间制备所得分级纳米结构的 SEM 图

从上面的实验结果可以得出，多巴胺和磷钨酸的自组装过程具有时间依赖性。据此，推测了该花状分级纳米结构的自组装形成过程，如图 3-8 所示。研究发现，上述多巴胺和磷钨酸的组装过程与文献报道的纳米材料“两阶段生长过程”相一致，主要包括最初无定形粒子的快速成核以及之后的缓慢生长和结晶化过程[28-31]。在研究中，多巴胺与磷钨酸通过氢键和静电相互作用成核，这些晶核快速生长为 70nm 左右的初级无定形粒子[32]。在之后的二次生长阶段，这些无定形粒子聚集形成分级纳米结构的核心。这些核心继续生长出纳米片，并形成初级的椭球形的分级纳米结构。在进一步生长阶段，由于 Ostwald 熟化，分级纳米结构生长得更加致密，纳米片的表面也越发光滑[29]。尽管研究者们使用各种构筑基元制备了大量的三维分级纳米材料，但是最初的粒子如何通过相互作用形成最终的结构有待深入研究。很多因素，如疏水相互作用、范德华作用力、π-π 堆积、晶面吸引力、静电和偶极场相互作用、氢键相互作用等都对自组装过程有很重要的影响[5, 33]。在研究花状分级纳米材料的自组装过程中，静电和氢键相互作用、范德华作用力发挥了重要的作用。

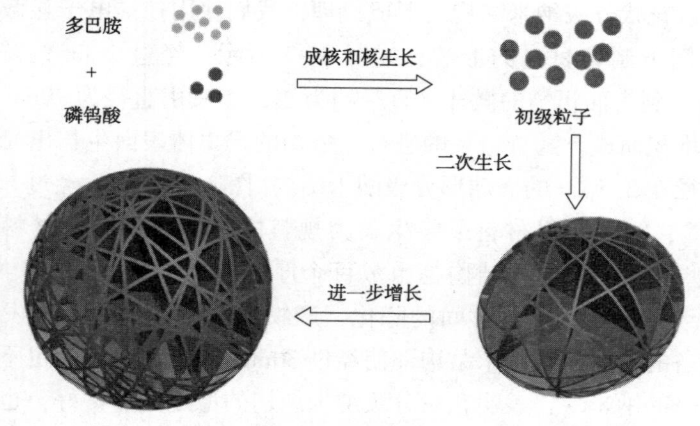

图 3-8　花状分级纳米结构的形貌演变过程示意图

3.3.3 花状分级纳米结构的形貌和尺寸调控

在药物输送和控制释放的相关研究中，药物载体的形貌和尺寸对药物负载效率和释放行为具有很大的影响。在该实验中，分别研究了制备参数中多巴胺和磷钨酸的比例、二者的浓度以及缓冲溶液的 pH 值对三维分级纳米结构形貌和尺寸的影响。采用多巴胺与磷钨酸的质量比为 1 ∶ 4、1 ∶ 2、1 ∶ 1、2 ∶ 1、3 ∶ 1 和 6 ∶ 1(对应的物质的量比分别为 3.8、7.6、15.2、30.4、45.6 和 91.2)研究了两组分的比例对于该有机-无机杂化材料结构的影响。由图 3-9 可以得出，当二者

(a) 1 ∶ 4　(b) 1 ∶ 2
(c) 1 ∶ 1　(d) 2 ∶ 1
(e) 3 ∶ 1　(f) 6 ∶ 1

图 3-9　采用不同多巴胺与磷钨酸的质量比制备纳米结构的 SEM 图

的比例在 1∶4 和 2∶1 之间时，可以制备得到均匀、规整的分级纳米结构。在质量比为 1∶4 时，每个微球结构上都含有一个明显的缺口，表明在此条件下，分级纳米结构是沿轴生长的。在质量比为 2∶1 时，纳米结构的纳米片层看起来有点粗糙。在质量比为 1∶2 时(物质的量比为 7.6)，可以得到较大的致密的超结构，表明这个比例是多巴胺和磷钨酸相互作用的最佳比例。每个多巴胺分子带 1 个正电荷，每个磷钨酸分子带 3 个负电荷，多巴胺与磷钨酸的质量比为 1∶2 时，正电荷的总数多于负电荷。再次证明了，两组分之间除了静电相互作用，还有其他相互作用力存在，可能为氢键或是范德华作用力[23]。此外，多巴胺与磷钨酸的质量比增加到 2∶1 以上时，分级纳米结构的尺寸分布变宽，形貌不再有明显的变化。

进一步的研究发现，三维分级纳米结构的形貌与两种构筑基元的浓度有较大关系。通过改变二者的浓度，可以制备多种形貌和尺寸的纳米结构，如图 3-10 所示。在较低浓度下(0.25mg/mL)，如图可以制备得到少量尺寸分布较宽的类似于枣核状结构的微粒[图 3-10(a)]，这可能是 Ostwald 熟化过程的结果，较大粒子生长过程促使初级的无定形粒子解体[34]。在 0.5mg/mL 时，最终形成尺寸在 4μm 左右结实和规整的分级纳米结构[图 3-10(b)]。随着浓度的增加，粒子变

(a) 0.25mg/mL (b) 0.5mg/mL (c) 1mg/mL (d) 2mg/mL

图 3-10 通过不同多巴胺与磷钨酸浓度制备纳米结构的 SEM 图

得越来越小，单分散性越来越好，纳米片层堆积结构也变得松散[图 3-10(c)和图 3-10(d)]。浓度为 2mg/mL 时，只得到一些不规则的、片层堆积的分级纳米结构[图 3-10(d)]。因为在高浓度下，成核较多，较小微粒生长较快，因此尺寸分布也较为均匀[34, 35]。

此外，该实验中，Tris-HCl 缓冲溶液的 pH 对三维分级纳米结构的形貌也有较大的影响，如图 3-11 所示。当 pH = 8.0 时，只能形成片层聚集体，没有完整的球状形貌[图 3-11(a)]；pH = 8.5 时，开始出现少量的规整的球状分级纳米结构[图 3-11(b)]。在较高 pH 下，如 pH = 11.5 时，只生成了少量的较大的、紧密的微球，其尺寸在 6.5μm 左右[图 3-11(d)]。多巴胺的等电点为 9.7，纯的磷钨酸的 pH = 2.5。在较低 pH 下，多巴胺质子化的比例较高，其通过与磷钨酸间的静电相互作用成核较多[24]。在较高 pH 下，成核阶段只有少量的晶核生成，更多的构筑基元用于核生长阶段，最终形成少量的超结构。

(a) pH=8.0　(b) pH=8.5　(c) pH=9.5　(d) pH=11.5

图 3-11　采用不同 pH 值的 10mmol/L Tris-HCl 缓冲溶液制备的纳米结构的 SEM 图

3.3.4　花状分级纳米结构的药物负载和释放性能

三维分级纳米结构由于具有较高的药物负载率和优良的药物释放行为，而被认为是理想的药物载体[7, 36]。为了探索该花状微球作为口服药物输送载体的应用，我们以阿霉素(一种常用于化疗的抗癌药物)为模型药物研究其药物负载和释放行为。在负载药物之前，花状微球是黄色的沉淀物；负载了阿霉素之后，沉淀物的颜色明显变深(图 3-12)。采用激光共聚焦显微镜进一步证明了阿霉素的成功负载[图 3-13(a)~图 3-13(d)]。通过共聚焦激光扫描显微镜得到的 CLSM 图可以清楚看到，负载了阿霉素的花状微球呈现出明显的阿霉素荧光特性[37, 38]。载药之前，其 Zeta 电位为-24.6mV，载药之后为-9.1mV，这表明除物理吸收外，静电吸附是花状微球负载带正电荷的主要原因。此外，通过紫外/可见光谱可知，该花状微球的药物负载率约为 4.7%(质量比)。较高的药物负载率是由该花状分级纳米结构的高比表面积引起的，其 BET 比表面积为 $40m^2/g$。

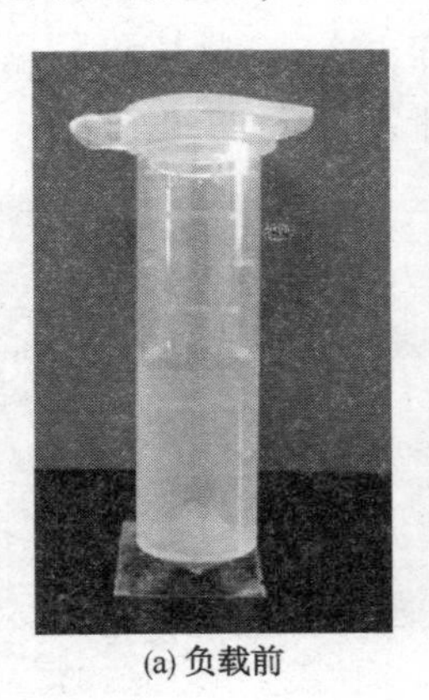

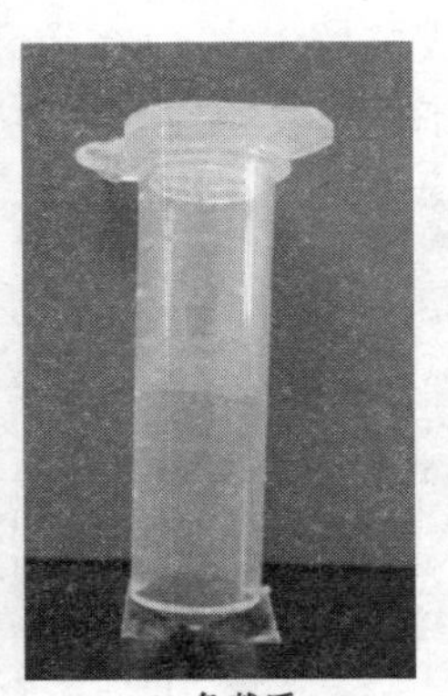

(a) 负载前　　(b) 负载后

图 3-12　负载阿霉素前后的照片

研究者们采用多种方法和手段实现药物在人体特定组织和器官的控制释放[39-43]。其中，利用胃肠道内的 pH 变化实现口服药物的输送引起了大家广泛的关注，因为胃肠道中的 pH 变化较大，由胃液中的强酸性环境 pH=1~3，变化到肠道中的碱性环境 pH=5~8[44]。据此，通过模拟胃和肠道中药物的传输环境，分别研究了负载阿霉素的花状微球在 pH=2.8 和 pH=7.4 两种缓冲溶液中的药物释放行为，如图 3-13(e)所示。研究表明，花状微球的药物释放行为具有明显的 pH 响应性特点。由于物质的扩散性质，那些只是物理吸附的药物很快扩散，使得在两种 pH 条件下最初的 0.5h 内都呈现了药物的快速释放，以及之后 12h 内相对缓慢的释放过程。在 pH=7.4 的缓冲溶液中，12h 内药物实现了完全释放，而在 pH=2.8 的缓冲溶液中，最终只有相对较少的(26%)药物释放。阿霉素(pKa=8.22)的氨基基团在 pH=7.4 时是部分质子化的，而在 pH=2.8 时，质子化的比例要高很多[45]。因此，在低 pH 下，带正电的阿霉素与带负电的花状微球相互作用力较强，阿霉素更容易吸附在花状微球表面；在高 pH 下，二者之间的静电相

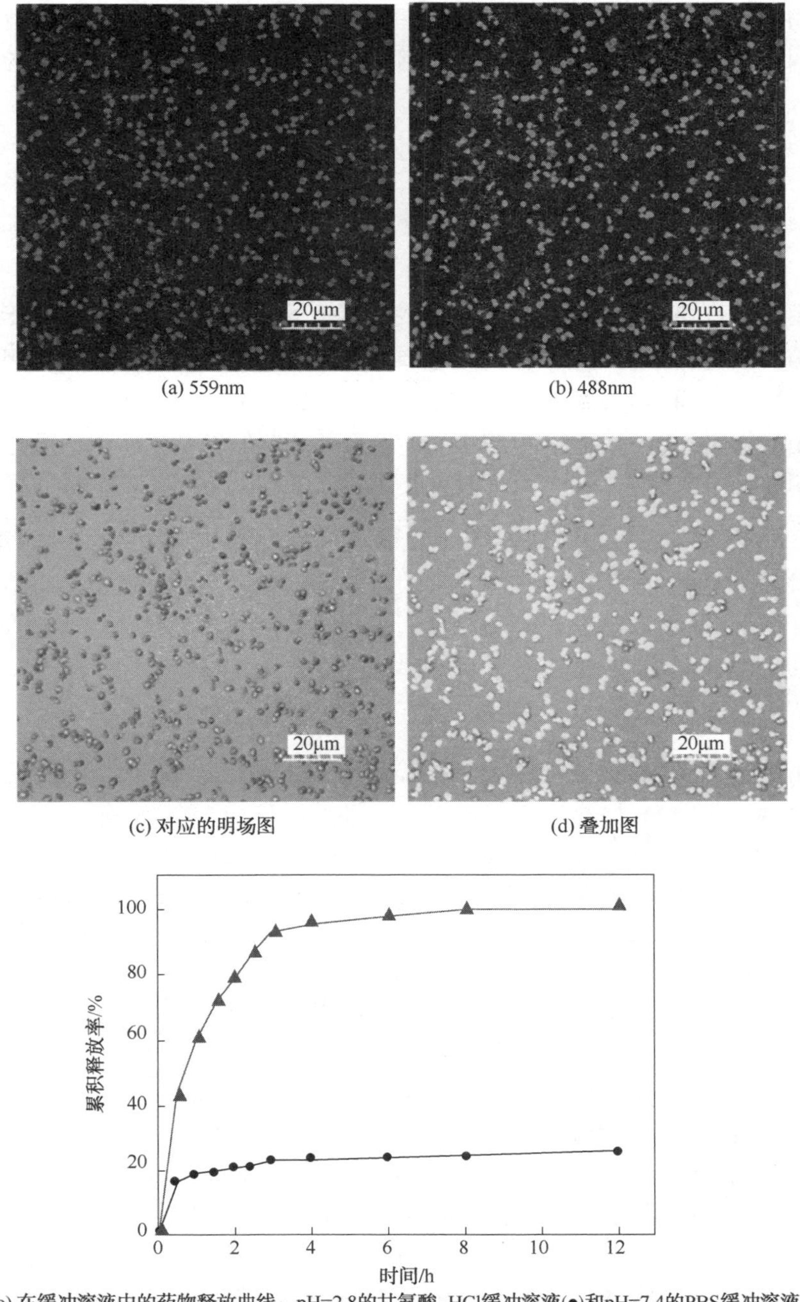

图 3-13　负载阿霉素的花状微球的 CLSM 图和释放曲线

互作用较弱，阿霉素的释放率提高。由于该花状分级纳米结构能够在酸性条件下保持药物的负载，并在中性偏碱性条件下释放药物，我们预测该纳米材料可以作为药物的载体，通过口服药物输送，应用于某些疾病的治疗，如结肠直肠癌和小肠癌等。

3.4 本章小结

采用多巴胺和磷钨酸两组分的共组装，制备了规整的、单分散性的花状分级纳米结构。该花状分级纳米结构的尺寸和形貌可以通过改变二组分的比例、浓度以及缓冲溶液的 pH 值来调控。研究表明，二者发生共组装的驱动力主要是静电和氢键相互作用。通过在制备过程中实时取样并观察形貌变化发现，该花状分级纳米结构的自组装过程符合“两阶段生长过程”。化疗药物阿霉素的负载和释放实验表明，该花状分级纳米结构具有 pH 响应性的药物释放性能，可以作为口服药物输送载体应用于某些肠癌的治疗。

参 考 文 献

[1] Mann S. The chemistry of form. Angewandte Chemie International Edition, 2000, 39(19): 3392-3406.

[2] Zhan H., Nie Y., Chen Y., et al. Thermal transport in 3D nanostructures. Advanced Functional Materials, 2020, 30(8).

[3] Dujardin E., Mann S. Progress reports. Advanced Materials, 2002, 14(775): 788.

[4] Wang B., Wu H. B., Zhang L., et al. Self-supported construction of uniform Fe_3O_4 hollow microspheres from nanoplate building blocks. Angewandte Chemie, 2013, 125(15): 4259-4262.

[5] Zhong L. S., Hu J. S., Liang H. P., et al. Self-assembled 3D flowerlike iron oxide nanostructures and their application in water treatment. Advanced Materials, 2006, 18(18): 2426-2431.

[6] Su Y., Yan X., Wang A., et al. A peony-flower-like hierarchical mesocrystal formed by diphenylalanine. Journal of Materials Chemistry, 2010, 20(32): 6734-6740.

[7] Zhao X.-Y., Zhu Y.-J., Chen F., et al. Nanosheet-assembled hierarchical nanostructures of hydroxyapatite: surfactant-free microwave-hydrothermal rapid synthesis, protein/DNA adsorption and ph-controlled release. CrystEngComm, 2013, 15(1): 206-212.

[8] Fei J., Cui Y., Zhao J., et al. Large-scale preparation of 3D self-assembled iron hydroxide and oxide hierarchical nanostructures and their applications for water treatment. Journal of Materials Chemistry, 2011, 21(32).

[9] Mahmood Q. , Kim W. S. , Park H. S. Structure and compositional control of MoO_3 hybrids assembled by nanoribbons for improved pseudocapacitor rate and cycle performance. Nanoscale, 2012, 4(24): 7855-7860.

[10] Whitesides G. M. , Grzybowski B. Self-assembly at all scales. Science, 2002, 295(5564): 2418-2421.

[11] Bertorello A. M. , Hopfield J. F. , Aperia A. , et al. Inhibition by dopamine of (Na^++ K^+) ATPase activity in neostriatal neurons through D_1 and D_2 dopamine receptor synergism. Nature, 1990, 347(6291): 386-388.

[12] Xiao N. , Venton B. J. Rapid, sensitive detection of neurotransmitters at microelectrodes modified with self-assembled swcnt forests. Analytical Chemistry, 2012, 84(18): 7816-7822.

[13] Zhang L. , Wu J. , Wang Y. , et al. Combination of bioinspiration: A general route to superhydrophobic particles. Journal of the American Chemical Society, 2012, 134(24): 9879-9881.

[14] Liu R. , Mahurin S. M. , Li C. , et al. Dopamine as a carbon source: the controlled synthesis of hollow carbon spheres and yolk-structured carbon nanocomposites. Angewandte Chemie International Edition, 2011, 50(30): 6799-6802.

[15] Ochs C. J. , Hong T. , Such G. K. , et al. Dopamine-mediated continuous assembly of biodegradable capsules. Chemistry of Materials, 2011, 23(13): 3141-3143.

[16] Kang S. M. , You I. , Cho W. K. , et al. One-step modification of superhydrophobic surfaces by a mussel-inspired polymer coating. Angewandte Chemie International Edition, 2010, 49(49): 9401-9404.

[17] Della Vecchia N. F. , Avolio R. , Alfè M. , et al. Building-block diversity in polydopamine underpins a multifunctional eumelanin-type platform tunable through a quinone control point. Advanced Functional Materials, 2013, 23(10): 1331-1340.

[18] Lynge M. E. , van der Westen R. , Postma A. , et al. Polydopamine-a nature-inspired polymer coating for biomedical science. Nanoscale, 2011, 3(12): 4916-4928.

[19] Lee H. , Dellatore S. M. , Miller W. M. , et al. Mussel-inspired surface chemistry for multifunctional coatings. Science, 2007, 318(5849): 426-430.

[20] Wang X. L. , Qin C. , Wang E. B. , et al. Self-assembly of nanometer-scale $[Cu_{24}I_{10}L_{12}]^{14+}$ cages and ball-shaped keggin clusters into a (4, 12)-connected 3D framework with photoluminescent and electrochemical properties. Angewandte Chemie International Edition, 2006, 45(44): 7411-7414.

[21] Zhang J. , Song Y. -F. , Cronin L. , et al. Self-assembly of organic-inorganic hybrid amphiphilic surfactants with large polyoxometalates as polar head groups. Journal of the American Chemical Society, 2008, 130(44).

[22] Wang X. , Bi Y. , Chen B. , et al. Self-assembly of organic-inorganic hybrid materials constructed from eight-connected coordination polymer hosts with nanotube channels and polyoxometalate guests as templates. Inorganic Chemistry, 2008, 47(7): 2442-2448.

[23] Yan X. , Zhu P. , Fei J. , et al. Self-assembly of peptide-inorganic hybrid spheres for adaptive encapsulation of guests. Advanced Materials, 2010, 22(11): 1283-1287.

[24] Sanyal A. , Mandal S. , Sastry M. Synthesis and assembly of gold nanoparticles in quasi-linear lysine-keggin-ion colloidal particles. Advanced Functional Materials, 2005, 15(2): 273-280.

[25] Iucci G. , Battocchio C. , Dettin M. , et al. Peptides adsorption on TiO_2 and Au: molecular organization investigated by NEXAFS, XPS and IR. Surface Science, 2007, 601 (18): 3843-3849.

[26] Janik M. J. , Campbell K. A. , Bardin B. B. , et al. A computational and experimental study of anhydrous phosphotungstic acid and its interaction with water molecules. Applied Catalysis A: General, 2003, 256(1-2): 51-68.

[27] Pérez-Maqueda L. A. , Matijevi E. E. Preparation of uniform colloidal particles of salts of tungstophosphoric acid. Chemistry of Materials, 1998, 10(5): 1430-1435.

[28] Burda C. , Chen X. , Narayanan R. , et al. Chemistry and properties of nanocrystals of different shapes. Chemical Reviews, 2005, 105(4): 1025-1102.

[29] Penn R. L. Kinetics of oriented aggregation. The Journal of Physical Chemistry B, 2004, 108 (34).

[30] Park J. , Privman V. , Matijevi E. E Model of formation of monodispersed colloids. The Journal of Physical Chemistry B, 2001, 105(47).

[31] Cheng Y. , Wang Y. , Zheng Y. , et al. Two-step self-assembly of nanodisks into plate-built cylinders through oriented aggregation. The Journal of Physical Chemistry B, 2005, 109(23).

[32] Bu W. , Li H. , Sun H. , et al. Polyoxometalate - based vesicle and its honeycomb architectures on solid surfaces. Journal of the American Chemical Society, 2005, 127 (22): 8016-8017.

[33] Cölfen H. , Mann S. Higher-order organization by mesoscale self-assembly and transformation of hybrid nanostructures. Angewandte Chemie International Edition, 2003, 42 (21): 2350-2365.

[34] Yin Y. , Alivisatos A. P. Colloidal nanocrystal synthesis and the organic-inorganic interface. Nature, 2005, 437(7059): 664-670.

[35] Reiss H. The growth of uniform colloidal dispersions. The Journal of Chemical Physics, 1951, 19(4): 482-487.

[36] Li X. , Huang X. , Liu D. , et al. Synthesis of 3D hierarchical Fe_3O_4/graphene composites with high lithium storage capacity and for controlled drug delivery. The Journal of Physical Chemistry C, 2011, 115(44).

[37] Jang H. , Ryoo S. -R. , Kostarelos K. , et al. The effective nuclear delivery of doxorubicin from dextran-coated gold nanoparticles larger than nuclear pores. Biomaterials, 2013, 34(13): 3503-3510.

[38] Zhang J. , Yuan Z. -F. , Wang Y. , et al. Multifunctional envelope-type mesoporous silica

nanoparticles for tumor-triggered targeting drug delivery. Journal of the American Chemical Society, 2013, 135(13): 5068-5073.

[39] Zhang L. , Guo R. , Yang M. , et al. Thermo and pH dual-responsive nanoparticles for anti-cancer drug delivery. Advanced Materials, 2007, 19(19): 2988-2992.

[40] Wang A. , Cui Y. , Li J. , et al. Fabrication of gelatin microgels by a "cast" strategy for controlled drug release. Advanced Functional Materials, 2012, 22(13): 2673-2681.

[41] Hu K. -W. , Hsu K. -C. , Yeh C. -S. pH-Dependent biodegradable silica nanotubes derived from Gd (OH)$_3$ nanorods and their potential for oral drug delivery and MR imaging. Biomaterials, 2010, 31(26): 6843-6848.

[42] Jia Y. , Fei J. , Cui Y. , et al. pH-Responsive polysaccharide microcapsules through covalent bonding assembly. Chemical Communications, 2011, 47(4): 1175-1177.

[43] Gao L. , Fei J. , Zhao J. , et al. pH- and redox-responsive polysaccharide-based microcapsules with autofluorescence for biomedical applications. Chemistry-A European Journal, 2012, 18(11): 3185-3192.

[44] Schmaljohann D. Thermo- and pH-responsive polymers in drug delivery. Advanced Drug Delivery Reviews, 2006, 58(15): 1655-1670.

[45] Knežević N. Ž. , Trewyn B. G. , Lin V. S. Y. Light- and pH-responsive release of doxorubicin from a mesoporous silica-based nanocarrier. Chemistry-A European Journal, 2011, 17(12): 3338-3342.

第4章 花状分级纳米结构原位合成银纳米粒子

4.1 引 言

三维分级纳米结构在电、磁、光电、催化、生物医学领域显示出了独特的应用前景[1,2]。目前，研究人员开发出多种制备复杂三维无机纳米材料的方法，例如形状指引组装[3]和程序组装[4,5]。其中，利用不同模板制备分级有序的无机骨架材料具有重要意义。具有三维分级纳米结构的有机-无机杂化材料被认为是形成无机纳米材料的理想模板之一[6,7]。

多金属氧酸盐是由过渡金属离子通过氧原子连接而形成的金属-氧纳米团簇[8-10]。由于其具有多样的电、磁、催化、光化学性质，常被用作构筑有机-无机杂化材料[11]。有机化合物通过共价或超分子相互作用与多金属氧酸盐结合进而形成功能性有机-无机杂化材料[12,13]。最近，研究人员尝试通过生物分子与多金属氧酸盐的共组装策略构筑新颖杂化材料[14,15]。例如，Schaming 等报道了通过 Anderson 型多钼酸盐和卟啉的电化学氧化合成了杂化共聚物薄膜，进一步原位制备银纳米线和三角形纳米片[16]。Sanyal 等以 Keggin 型磷钨酸和赖氨酸为构筑基元制备了纤维状胶体颗粒。这些纤维颗粒在紫外光照射下能够原位还原制备金纳米粒子[6]。他们还使用类似的策略构建磷钨酸和另一种氨基酸精氨酸的杂化材料，用于合成纳米结构银[17]。Yan 等利用磷钨酸与短肽二苯丙氨酸组装制备得到胶体球。这种胶体球显示出适应性封装特性，在自组装过程中可以结合多种客体分子，例如带电、不带电的分子，水溶性分子，疏水性纳米粒子和亲水性无机纳米粒子等[18]。

在过去的十几年里，多巴胺(一种中枢神经系统中的儿茶酚胺类神经递质[19,20])作为具有极强黏附性质的聚多巴胺材料构筑基元而引起了广泛关注[21-23]。多巴胺几乎可以黏附在任何形状和组成的材料表面，从而对其进行表面修饰和功能化。由于这种优异的黏附性能以及还原性、光热转换性质、荧光猝灭性质和生物相容性等诸多特性，多巴胺的自发氧化聚合反应已被广泛研究用于多个领域，包括表面改性、药物递送、癌症治疗、生物传感、催化、环境、能源等[23-28]。近年来，为了拓展多巴胺基纳米材料的应用领域，研究人员开始致力于探索多巴胺与其他分子的共组装以制备新型功能材料。在此方面，我们首次通过多巴胺与多金属氧酸盐磷钨酸的共组装制备三维分级纳米结构，并应用于口服给药[29]。使用类似的策略，Zhang 等报道了 Weakley 型多金属氧酸盐和多巴胺的共组装行为，并制备得到与磷钨酸体系类似的三维分级纳米结构[30]。

在该研究中，我们进一步详细研究了 Keggin 型多金属氧酸盐磷钨酸和生物分子多巴胺的共组装行为和机理。并以这些三维分级纳米结构为还原剂和模板，实现了银纳米颗粒和纳米线的原位合成。

4.2 实验研究

4.2.1 材料和仪器

多巴胺盐酸盐、磷钨酸、三羟甲基氨基甲烷、磷酸氢二钠、柠檬酸钠、硝酸银($AgNO_3$)购自 Sigma Aldrich 公司。磷酸盐缓冲溶液片剂购自 Solarbio 公司。实验中使用的超纯水都是通过 Milli-Q apparatus 仪器(Millipore)制备的，其电阻率为 18.2MΩ·cm。

扫描电子显微镜用以研究三维分级纳米结构负载银纳米粒子前、后的表面形貌及微结构。超声仪器(Kunshan kQ-100TDV)在 80kHz 超声波频率以及 100W 功率下使用。

4.2.2 花状分级纳米结构的制备

在一个典型的实验中，将磷钨酸(2mg/mL)和多巴胺(2mg/mL)分别溶解在 10mmol/L Tris-HCl 溶液(pH=9.5)中。然后，将磷钨酸溶液加入到多巴胺溶液中快速震荡以充分混合。溶液在混合后 1min 内变成黄色。陈化反应 2h，在离心(5000r/min，5min)和水洗循环后收集分级纳米结构的黄色沉淀产物。该实验还制备了磷钨酸与多巴胺不同比例的体系，所使用的磷钨酸和多巴胺比例分别为 2∶1、1∶1、1∶2、1∶4。

为了证明该方法的普遍适用性，除了上述 Tris-HCl 缓冲溶液，另外一种 PBS 溶液也被用来研究磷钨酸和多巴胺的共组装行为。制备一系列不同酸碱度(pH=

6.3、7.3、8.3、9.3、10.3 和 11.3)的 PBS 溶液。分别将磷钨酸(1mg/mL)和多巴胺(2mg/mL)溶解在上述 PBS 溶液中，之后利用上一段中类似的策略通过在 PBS 溶液中的共组装制备分级纳米结构。

4.2.3 银纳米粒子的原位合成

为了制备银纳米粒子，将上述制备好的花状分级纳米结构分散在硝酸银溶液(1mg/mL)中，然后持续振荡 2h。之后对样品进行 3 次离心(5000r/min，5min)和水洗，并收集产物。

4.3 结果与讨论

4.3.1 花状分级纳米结构尺寸和形貌的调控

首先研究了生物分子多巴胺与 Keggin 型杂多酸磷钨酸在 10mmol/L Tris-HCl 溶液(pH=9.5)中的共组装行为。在室温下将无色透明的磷钨酸溶液与多巴胺溶液混合后，混合溶液经过几分钟陈化后变成黄色并变得浑浊。陈化 2h 后，将产物离心分离并用水清洗，然后收集产物并用扫描电子显微镜成像。图 4-1 给出磷钨酸与多巴胺共组装所形成的有机-无机杂化材料的形貌。可以看出组装体是规则的椭圆形的花状分级纳米结构，尺寸范围在 1~4μm 之间。从花状微球的放大图像[图 4-1(c)]可以看到它的精细结构，组装体是由许多光滑的纳米片组成的三维多级纳米结构，各纳米片之间随机连接。

(a) 低倍下的图像

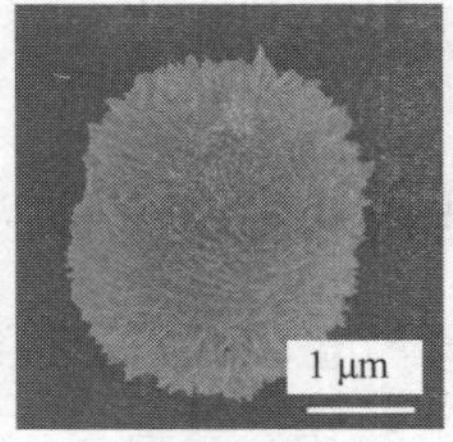

(b) 单个分级纳米结构

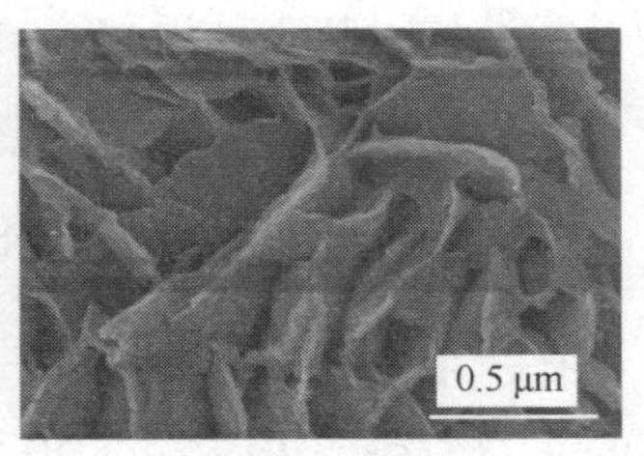

(c) 高倍下的图像

图 4-1 分级纳米结构的 SEM 图

有机-无机杂化材料的结构对其载药、催化、光电性质有很大的影响。因此，为了控制所制备的花状分级纳米结构的尺寸和结构，分别考察了不同构筑基元磷钨酸与多巴胺的比例对材料形貌的影响。图 4-2 显示了当固定多巴胺的浓度为 1mg/mL 时，采用不同质量比的磷钨酸和多巴胺制备花状微球形貌。当磷钨酸所占的比例高时[图 4-2(a)]，形成了大量的纳米粒子，并且纳米粒子的结构比较松散，并未形成完整的球形结构。其中一些粒子仅是由几个薄片组成，看起来像是通过一个中心核相互连接在一起。随着磷钨酸浓度的降低，花状微球反而变得更大而且更为均匀[图 4-2(b)和图 4-2(c)]。直到磷钨酸与多巴胺的比例达到 1∶4，仅能获得少量的致密微球[图 4-2(d)]。这种现象可能是由于在较高浓度磷钨酸的条件下，在初始阶段通过磷钨酸和多巴胺之间的相互作用可以形成更多的核，导致大量小颗粒的形成。而随着磷钨酸浓度的下降，仅能形成有限数量的晶体核，最终由于 Ostwald 熟化作用生长为较大的颗粒[32]。

(a) 2∶1　(b) 1∶1　(c) 1∶2　(d) 1∶4

图 4-2　采用不同质量比的磷钨酸与多巴胺制备三维分级纳米结构的 SEM 图像

缓冲溶液的种类和 pH 对静电自组装和多巴胺氧化自聚合过程均具有关键的调控作用[21, 33, 34]。在以往关于多巴胺氧化自聚合的研究工作中，Tris-HCl 溶液是最常用的产生弱碱性环境的缓冲溶液。有报道指出，Tris 可以结合到聚多巴胺结构中，特别是在相对低浓度的多巴胺氧化过程中[21]。因此，我们首先选用 Tris-HCl 溶液研究多巴胺和磷钨酸的共组装行为，发现磷钨酸的存在能够有效抑制多巴胺的氧化自聚合反应，并且二者通过静电作用共组装形成花状分级纳米结构。在此，为了研究 Tris-HCl 溶液在这个共组装过程中的必要性，我们采用另外一种缓冲溶液-磷酸盐缓冲溶液替代上述 Tris-HCl 溶液，探究磷钨酸和多巴胺的共组装行为。如图 4-3 扫描电镜图像所示，在弱酸性的磷酸盐缓冲溶液中，例如 pH=6.3[图 4-3(a)]时，仅形成了少量由薄片组成的聚集体；随着酸碱度从 pH=7.3 增加到 pH=10.3，产生了一些完整和单分散的微球，分级纳米结构的形态变得越来越致密[图 4-3(b)~图 4-3(e)]；在 pH=11.3 时，仅形成了少数几个直径约为 7μm 的超大致密微球[图 4-3(f)]。这一结果与上一章在不同 pH 下的 Tris-HCl 溶液中由多巴胺和磷钨酸共组装制备花状微球的变化规律相一致[29]。因此，Tris-HCl 溶液在制备多巴胺和磷钨酸共组装微球中不是必需的，其他的碱性缓冲溶液也被证明是有效的。

(a) pH=6.3 (b) pH=7.3 (c) pH=8.3

(d) pH=9.3 (e) pH=10.3 (f) pH=11.3

图 4-3 在不同 pH 条件下磷酸盐缓冲溶液中制备三维分级纳米结构的 SEM 图像

4.3.2 磷钨酸与多巴胺共组装机理研究

为了进一步研究所制备的花状分级纳米结构的形成机理，我们在磷钨酸和多巴胺的共组装过程中应用了超声处理。将磷钨酸和多巴胺两种溶液混合在一起，立即对混合溶液进行 30s 的超声处理。然后在室温下陈化 2h，收集产物并通过扫描电子显微镜观察该其形貌，如图 4-4 所示。其中，从部分结构放大图像[图 4-4(b)]可以看到，超声处理的共组装形成了松散聚集在一起的若干薄片组成的纳米结构，并且薄片看起来比较粗糙和不完整。对于未经过超声处理所制备的纳米结构，我们可以看到微球的薄片非常光滑[图 4-1(c)]。因此推测超声这种外来能量的输入严重影响了纳米结构的初始成核和生长，而这个阶段对于两组分共组装形成高度规整的结构是非常重要的。还需要指出的是，将未经过超声处理制备的产物再分散到柠檬酸盐-磷酸盐缓冲液(pH=2.8)中，纳米结构的黄色产物可以分解形成透明溶液。这进一步证实了是磷钨酸和多巴胺之间仅依赖于超分子的相互作用促进了三维分级纳米结构的成核和生长，并没有共价键的参与，因此在酸性条件下发生了可逆分解。这与多巴胺在弱碱性溶液中的氧化自聚合是完全不同的机制[23, 35]。

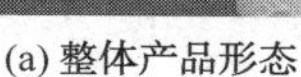
(a) 整体产品形态

(b) 经过30s超声波处理的单个分级纳米结构

图 4-4　分级纳米结构 SEM 图像

4.3.3　花状分级纳米结构原位合成银纳米粒子

银纳米材料因具有稳定性好、易于制备、抗菌范围广、抗生素耐药性发生率低等优点，而在抗菌、癌症治疗等领域受到了广泛关注[36, 37]。调控纳米银的尺寸和形貌可以有效提高其抗菌效果，有报道显示尺寸在 10~100nm 范围内的银纳米粒子显示出增强的杀菌功效[38, 39]。此外，聚多巴胺材料中含有的儿茶酚基团具有还原能力，被大量应用于银纳米粒子的制备[40, 41]。在本研究中，我们探索了由磷钨酸和多巴胺共组装形成的分级纳米结构原位合成新型纳米结构银，其制备过程如图 4-5 所示。将分级纳米结构分散在硝酸银溶液（1mg/mL）中，反应 2h，制备得到负载型的纳米结构银。对产物进行扫描电子显微镜观察[图 4-6（a）和图 4-6（b）]。从图中我们可以看出，分级纳米结构的光滑薄片被直径约为 40nm 的银纳米粒子覆盖。此外，一些高长径比的纳米线随机分布在微球表面。通过 X 射线衍射分析比较了花状微球与硝酸银反应前、后化学成分的变化。从

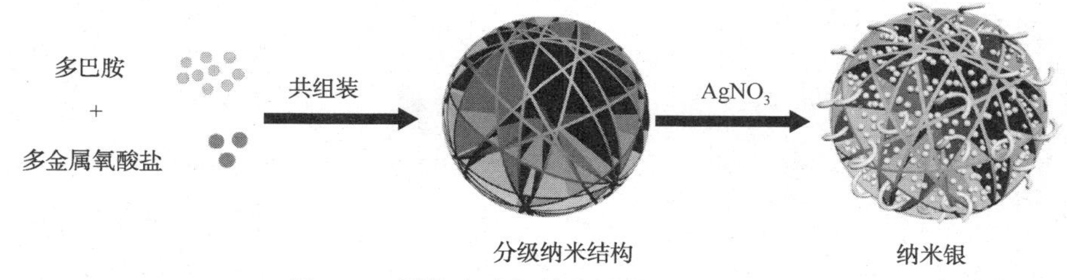

图 4-5　原位合成银纳米粒子过程示意图

XRD 图谱中[图 4-6(c)]可以看到原位负载银纳米粒子后，在 38.1°、44.5°和 64.6°处出现了一组新的衍射峰，其分别对应于具有面心立方结构银单质的(111)、(200)和(220)晶面(曲线 2)，进一步证实在磷钨酸和多巴胺的分级纳米结构上成功制备了的银单质纳米晶体[7, 17]。可能是分级纳米结构的多巴胺中的儿茶酚基团被氧化成醌，扮演了还原剂的作用，而 Ag^+在反应过程中被还原成 Ag^0。因此花状分级纳米结构既是还原银单质的还原剂，又是担载银纳米粒子的载体，从而实现了无外加还原剂情况下花状分级纳米结构原位负载银单质。

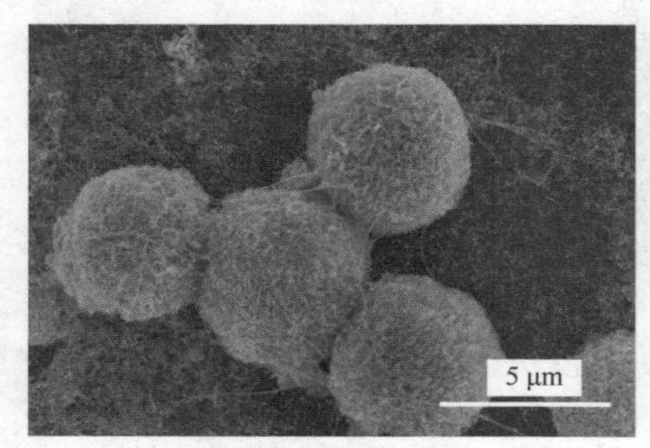

(a) 整体产品的SEM图

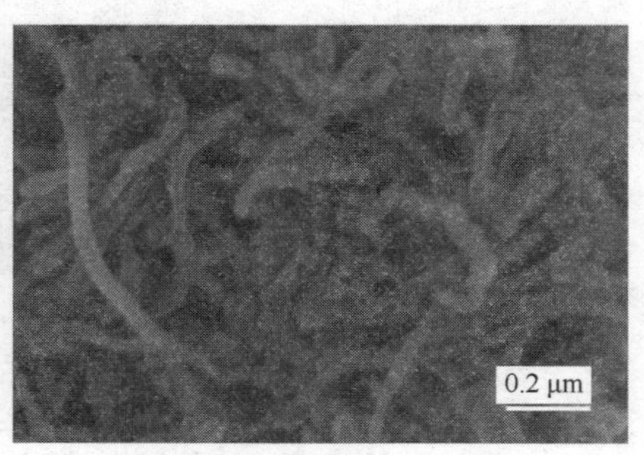

(b) 分级纳米结构的放大SEM图像

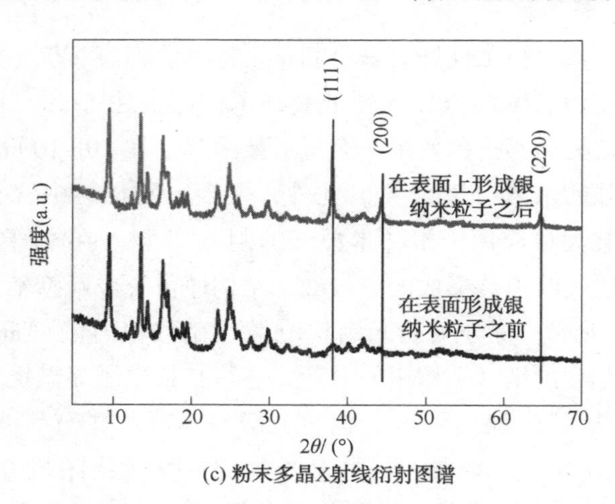

(c) 粉末多晶X射线衍射图谱

图 4-6　花状分级纳米结构原位负载银纳米粒子的表征

4.4　本章小结

本章证明多巴胺与磷钨酸可通过超分子相互作用共组装形成三维分级纳米结构。通过控制两种组分的比例、缓冲溶液的类型和 pH，可以方便地制备不同尺寸和形貌的分级纳米结构。通过对反应初始阶段进行超声处理得出，纳米结构的初始成核和生长对于高度有序微结构的形成具有重要作用。这些分级纳米结构被进一步证明可用作原位合成银纳米粒子的模板，其中多巴胺上的儿茶酚基团发挥还原剂的作用。本章呈现的以多巴胺基纳米材料同时作为模板和还原剂应用于贵金属纳米粒子制备的策略，有望扩展到更多具有催化和生物医学应用前景的三维分级纳米结构的制备。

参考文献

[1] Ke Y. , Ong L. L. , Shih W. M. , et al. Three-dimensional structures self-assembled from DNA bricks. Science, 2012, 338(6111): 1177-1183.

[2] KG A. T. , Gotrik K. , Hannon A. , et al. Templating three-dimensional self-assembled structures in bilayer block copolymer films. Science, 2012, 336(6086): 1294-1298.

[3] Li M. , Schnablegger H. , Mann S. Coupled synthesis and self-assembly of nanoparticles to give structures with controlled organization. Nature, 1999, 402(6760): 393-395.

[4] Connolly S. , Fitzmaurice D. Programmed assembly of gold nanocrystals in aqueous solution. Advanced Materials, 1999, 11(14): 1202-1205.

[5] Shenton W. , Davis S. A. , Mann S. Directed self-assembly of nanoparticles into macroscopic materials using antibody-antigen recognition. Advanced Materials, 1999, 11(6): 449-452.

[6] Sanyal A. , Mandal S. , Sastry M. Synthesis and assembly of gold nanoparticles in quasi-linear lysine-keggin-ion colloidal particles. Advanced Functional Materials, 2005, 15(2): 273-280.

[7] Zhang M. , Peltier R. , Zhang M. , et al. In situ reduction of silver nanoparticles on hybrid polydopamine-copper phosphate nanoflowers with enhanced antimicrobial activity. Journal of Materials Chemistry B, 2017, 5(27): 5311-5317.

[8] Cherevan A. S. , Nandan S. P. , Roger I. , et al. Polyoxometalates on functional substrates: concepts, synergies, and future perspectives. Advanced Science, 2020, 7(8).

[9] Anyushin A. V. , Kondinski A. , Parac-Vogt T. N. Hybrid polyoxometalates as post-functionalization platforms: from fundamentals to emerging applications. Chemical Society Reviews, 2020, 49(2): 382-432.

[10] Misra A. , Kozma K. , Streb C. , et al. Beyond charge balance: counter-cations in polyoxometalate chemistry. Angewandte Chemie International Edition, 2020, 59(2): 596-612.

[11] He Z. , Li B. , Ai H. , et al. A processable hybrid supramolecular polymer formed by base pair modified polyoxometalate clusters. Chemical Communications, 2013, 49(73): 8039-8041.

[12] Elliott K. J. , Harriman A. , Le Pleux L. , et al. A porphyrin-polyoxometallate bio-inspired mimic for artificial photosynthesis. Physical Chemistry Chemical Physics, 2009, 11(39): 8767-8773.

[13] Kulesza P. J. , Skunik M. , Baranowska B. , et al. Fabrication of network films of conducting

polymer-linked polyoxometallate-stabilized carbon nanostructures. Electrochimica Acta, 2006, 51(11): 2373-2379.

[14] Ding Y. H., Peng J., Khan S. U., et al. A new polyoxometalate (POM)-based composite: fabrication through POM-assisted polymerization of dopamine and properties as anode materials for high-performance lithium-ion batteries. Chemistry-A European Journal, 2017, 23(43): 10338-10343.

[15] Zhang S., Peng B., Xue P., et al. Polyoxometalate-antioxidant peptide assembly materials with nir-triggered photothermal behaviour and enhanced antibacterial activity. Soft Matter, 2019, 15(27): 5375-5379.

[16] Schaming D., Allain C., Farha R., et al. Synthesis and photocatalytic properties of mixed polyoxometalate-porphyrin copolymers obtained from anderson-type polyoxomolybdates. Langmuir, 2010, 26(7): 5101-5109.

[17] Sardar D., Naskar B., Sanyal A., et al. Organic-inorganic hybrid: a novel template for synthesis of nanostructured ag. RSC Advances, 2014, 4(7): 3521-3528.

[18] Yan X., Zhu P., Fei J., et al. Self-assembly of peptide-inorganic hybrid spheres for adaptive encapsulation of guests. Advanced Materials, 2010, 22(11): 1283-1287.

[19] Berke J. D. What does dopamine mean? Nature Neuroscience, 2018, 21(6): 787-793.

[20] Klein M. O., Battagello D. S., Cardoso A. R., et al. Dopamine: functions, signaling, and association with neurological diseases. Cellular and Molecular Neurobiology, 2019, 39(1): 31-59.

[21] Della Vecchia N. F., Avolio R., Alfè M., et al. Building-block diversity in polydopamine underpins a multifunctional eumelanin-type platform tunable through a quinone control point. Advanced Functional Materials, 2013, 23(10): 1331-1340.

[22] Lee H., Dellatore S. M., Miller W. M., et al. Mussel-inspired surface chemistry for multifunctional coatings. Science, 2007, 318(5849): 426-430.

[23] Li H., Jia Y., Feng X., et al. Facile fabrication of robust polydopamine microcapsules for insulin delivery. Journal of Colloid and Interface Science, 2017, 487: 12-19.

[24] Ryu J. H., Messersmith P. B., Lee H., et al. Polydopamine surface chemistry: a decade of discovery. ACS Applied Materials & Interfaces, 2018, 10(9): 7523-7540.

[25] Li H., Jia Y., Peng H., et al. Recent developments in dopamine-based materials for cancer diagnosis and therapy. Advances in Colloid and Interface Science, 2018, 252: 1-20.

[26] Mei S., Xu X., Priestley R. D., et al. Polydopamine-based nanoreactors: synthesis and applications in bioscience and energy materials. Chemical Science, 2020, 11(45): 12269-12281.

[27] Yang P., Zhang S., Chen X., et al. Recent developments in polydopamine fluorescent nanomaterials. Materials Horizons, 2020, 7(3): 746-761.

[28] Guo Q., Chen J., Wang J., et al. Recent progress in synthesis and application of mussel-in-

spired adhesives. Nanoscale, 2020, 12(3): 1307-1324.

[29] Li H. , Jia Y. , Wang A. , et al. Self-assembly of hierarchical nanostructures from dopamine and polyoxometalate for oral drug delivery. Chemistry-A European Journal, 2014, 20(2): 499-504.

[30] Zhang H. , Guo L.-Y. , Jiao J. , et al. Ionic self-assembly of polyoxometalate-dopamine hybrid nanoflowers with excellent catalytic activity for dyes. ACS Sustainable Chemistry & Engineering, 2017, 5(2): 1358-1367.

[31] Janik M. J. , Campbell K. A. , Bardin B. B. , et al. A computational and experimental study of anhydrous phosphotungstic acid and its interaction with water molecules. Applied Catalysis A: General, 2003, 256(1-2): 51-68.

[32] Yin Y. , Alivisatos A. P. Colloidal nanocrystal synthesis and the organic-inorganic interface. Nature, 2005, 437(7059): 664-670.

[33] Su Y. , Yan X. , Wang A. , et al. A peony-flower-like hierarchical mesocrystal formed by diphenylalanine. Journal of Materials Chemistry B, 2010, 20(32): 6734-6740.

[34] Della Vecchia N. F. , Luchini A. , Napolitano A. , et al. Tris buffer modulates polydopamine growth, aggregation, and paramagnetic properties. Langmuir, 2014, 30(32): 9811-9818.

[35] Postma A. , Yan Y. , Wang Y. , et al. Self-polymerization of dopamine as a versatile and robust technique to prepare polymer capsules. Chemistry of Materials, 2009, 21(14): 3042-3044.

[36] Mei S. , Wang H. , Wang W. , et al. Antibacterial effects and biocompatibility of titanium surfaces with graded silver incorporation in titania nanotubes. Biomaterials, 2014, 35(14): 4255-4265.

[37] Marambio-Jones C. , Hoek E. M. A review of the antibacterial effects of silver nanomaterials and potential implications for human health and the environment. Journal of Nanoparticle Research, 2010, 12(5): 1531-1551.

[38] Rai M. K. , Deshmukh S. , Ingle A. , et al. Silver nanoparticles: the powerful nanoweapon against multidrug-resistant bacteria. Journal of Applied Microbiology, 2012, 112(5): 841-852.

[39] Morones J. R. , Elechiguerra J. L. , Camacho A. , et al. The bactericidal effect of silver nanoparticles. Nanotechnology, 2005, 16(10): 2346.

[40] Zhang L. , Wu J. , Wang Y. , et al. Combination of bioinspiration: a general route to superhydrophobic particles. Journal of the American Chemical Society, 2012, 134(24): 9879-9881.

[41] Jia Z. , Xiu P. , Li M. , et al. Bioinspired anchoring agnps onto micro-nanoporous TiO_2 orthopedic coatings: trap-killing of bacteria, surface-regulated osteoblast functions and host responses. Biomaterials, 2016, 75: 203-222.

第5章 WO_3纳米晶体的制备及其光催化降解性能

5.1 引　言

近年来随着工业的快速发展，印染工业中大量使用染料分子。然而，大部分染料对生态环境和人类健康是有害的[1-4]。如果在未经适当处理的情况下将含有染料的废水直接排入河流，必然会对水资源造成严重污染，甚至对人体和生物界产生威胁[5]。为此，研究者们已经开发了一系列技术用以处理含有染料污染物的废水，例如吸附、沉淀、电修复、氧化和生物降解等[6-9]。但是这些方法大多数费用较高、效率低下，有的甚至还会造成二次污染[10]。因此，亟须开发可控、高效和环保的降解有机染料的新方法，从而使染料废水达到相关排放标准[11-13]。

光催化氧化技术能够高效、无毒降解有机染料，吸引了大量的研究注意力[14-16]。催化剂在光催化氧化过程中发挥着关键作用。众多科研工作者致力于新型光活性催化剂的合成[17, 18]。其中，锐钛矿 TiO_2由于其在波长小于 387nm 的紫外光照射下能够有效分解有机污染物而备受关注[19-21]。此外，WO_3的能带间隙为 2. 4~2. 7eV，比 TiO_2的能带间隙窄约 0. 6eV，因此有望从自然光中吸收更多的可见光，实现可见光催化[22, 23]。并且，WO_3在酸性介质中表现出卓越的光稳定性，这一优点使得 WO_3成为一种新型降解有机染料的光催化剂[24]。但是，单纯的 WO_3由于其低导带能级和光诱导电子空穴对的高复合率而显示出对可见光的低能量转换效率[25, 26]。有一些研究工作尝试使用其他半导体、贵金属或碳基材料掺杂 WO_3以提高其光催化活性[27-30]。例如，Ismail 等研究了介孔 Pt/WO_3和 Pt/WO_3-GO纳米复合材料在可见光照射下具有光催化降解亚甲基蓝的性能[31]。Mehta 等研究了表面活性剂的链长、抗衡离子及其排列结构对表面活性剂功能化 WO_3光催化活性的影响[32]。但是，材料复合过程必然会增加费用和时间的消耗，如果通过调控 WO_3纳米材料的尺寸和结构提高其能量转换效率，将会大幅推动

WO_3在光催化领域的应用[33]。

在之前的章节中[34, 35]，我们系统研究了以 Keggin 型多金属氧酸盐磷钨酸和生物分子多巴胺为构筑基元，通过超分子相互作用引发的共组装能够实现花状分级纳米结构的制备。在本章，我们进一步发现上述花状分级纳米结构经过高温处理能够得到 WO_3 纳米晶体(图 5-1)，并详细研究了 WO_3 纳米晶体的形貌和组成。此外，刚果红(Congo red，CR)是一种典型的偶氮染料，在纺织、造纸和皮革工业中有广泛的应用。研究证明，在低功率紫外光照射下，WO_3 纳米晶体能够光催化降解典型有机染料刚果红。该 WO_3 纳米晶体制备方法操作简单、成本低，有望应用于工业印染废水的处理。

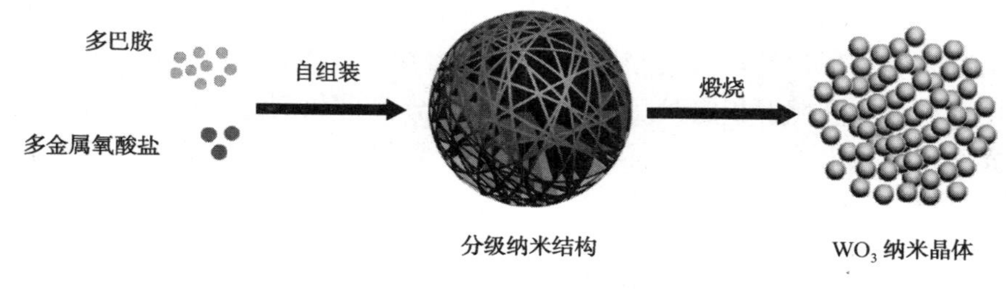

图 5-1　WO_3 纳米晶体制备过程示意图

5.2　实验研究

5.2.1　材料和仪器

多巴胺盐酸盐、磷钨酸、三羟甲基氨基甲烷购自 Sigma Aldrich 公司。刚果红、盐酸、溴化钾购自国药化学试剂有限公司。实验中使用的超纯水是通过 Milli-Q apparatus 仪器(Millipore)制备的，其电阻率为 18.2MΩ·cm。

扫描电子显微镜用以观察反应过程中纳米结构表面的形貌及结构。傅立叶变换红外光谱仪、X 射线衍射仪、紫外-可见分光光度计用以表征分级纳米结构的成分降解前后的组成。热重分析(Thermogravimetric analyses，TGA，Diamond TG/DTA thermal analyzer)用以检测花状分级纳米结构随温度的变化。使用全自动 BET 比表面积分析测试仪测试材料的比表面积。

5.2.2　分级纳米结构的制备

将多巴胺和磷钨酸分别溶解在 10mmol/L 的 Tris-HCl 缓冲溶液中。然后，将上述磷钨酸溶液迅速地加入到多巴胺溶液中，在剧烈摇动下使两种溶液充分混合，放置在室温环境中陈化反应 2h。通过 3 次离心(5000r/min、5min)和水洗循环收集产物。

5.2.3 WO_3纳米晶体的制备

为了制备 WO_3纳米晶体，将上述制备的花状分级纳米结构在马弗炉中空气氛下进行煅烧处理，温度设置 600℃，时间为 2h。

5.2.4 WO_3纳米晶体的光催化氧化性能

将 5mg 的 WO_3纳米晶体悬浮在 3mL 刚果红水溶液(10mg/L)中，搅拌 30min，以获得刚果红在催化剂表面的吸附平衡。使用 6W 紫外光源(254nm)在 10cm 的距离照射样品。在照射指定时间后，采用离心分离催化剂。进而通过紫外-可见分光光度计测量上清液在 498nm 处的吸光度，监测刚果红的光催化降解过程。刚果红的降解率(%)计算公式为

$$\text{降解率}(\%)=\frac{A_0-A_t}{A_0}\times 100\% \tag{5-1}$$

其中 A_0和 A_t分别表示刚果红溶液的初始吸光度和指定时间间隔后刚果红溶液的吸光度。

5.3 结果与讨论

5.3.1 WO_3纳米晶体的制备及表征

在之前的研究[34, 35]中，利用多巴胺和磷钨酸两组分的共组装制备分级纳米结构已经得到了详细的研究。如图 5-2(a)的扫描电子显微镜图像所示，利用该方法可以制备尺寸在 2~6.5μm 范围的由纳米片组成的花状微球。将这些花状微球置于马弗炉中，进行 600℃空气氛下的高温煅烧，得到产物的形貌如图 5-3(b)和图 5-3(c)所示。花状微球的纳米片被均匀的纳米颗粒代替，并且整体微球的尺寸变小，收缩至 1~3.5μm。通过仔细观察图 5-2(d)，可以发现微球实际上由大量平均尺寸为 40~50nm 的纳米粒子组成，纳米颗粒之间相互黏连，表面光滑。

为了研究所得 WO_3纳米粒子的组成，对其进行红外光谱和 XRD 的表征。图 5-3(a)显示了纳米颗粒的傅里叶变换红外光谱，在 3430cm^{-1}处的宽 O—H 伸缩

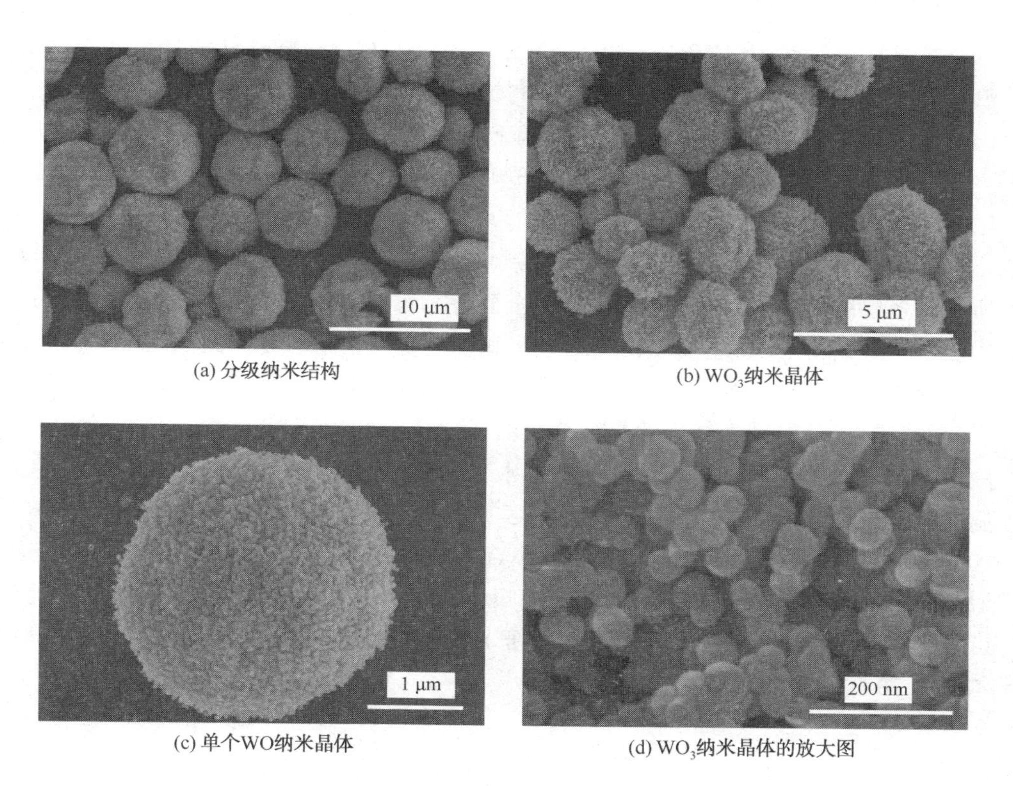

(a) 分级纳米结构　(b) WO_3纳米晶体
(c) 单个WO纳米晶体　(d) WO_3纳米晶体的放大图

图 5-2　所制备材料的 SEM 图像

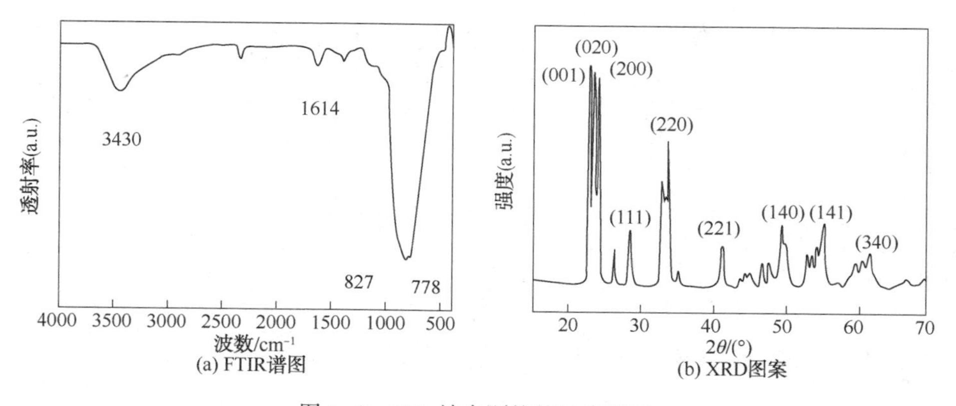

(a) FTIR谱图　(b) XRD图案

图 5-3　WO_3纳米颗粒的组成表征

振动峰和 H_2O 在 1614cm^{-1} 的弯曲振动峰证实样品吸收了水分子。在 500～1000cm^{-1}范围内可以看到一个宽而强的吸收带，两个峰值分别集中在约 827cm^{-1} 和 778cm^{-1}处，这是由 O—W—O 的伸缩振动引起的[36, 37]。通过 X 射线衍射进一步研究了所得材料的晶体结构，如图 5-3(b)所示。该图案显示了几个高分辨率的衍射峰，2θ 分别位于 23.0°、23.6°、24.1°、26.5°、28.7°、33.2°、34.0°、

41.5°、44.7°、47.1°、48.2°、49.8°、55.8°和62.1°。这些峰分别对应于正交晶型 WO_3 的(001)、(020)、(200)、(120)、(111)、(021)、(220)、(221)、(131)、(002)、(040)、(140)、(141)和(340)晶面(JCPDS no. 20-1324)。总之，通过高温煅烧磷钨酸和多巴胺共组装的花状分级纳米结构能够制备得到高度结晶化的纳米尺寸的 WO_3 颗粒。

使用热重分析研究分级纳米结构煅烧形成 WO_3 纳米晶体的过程，如图5-4所示。多巴胺盐酸在650℃左右可以完全分解。对于磷钨酸，从35~300℃的第一次质量损失约为4%，主要是由于结合水和少量物理吸附水分子的蒸发；300℃以上的第二次质量损失约为1.7%，这是由于结晶水的损失和部分有机基团的燃烧引起的。对于分级纳米结构的热重分析曲线，从35~280℃范围内，5.4%的初始质量损失是由于物理吸附和化学键合的水分子丢失造成的。此外，在280~650℃温度区间，产生48.7%的质量损失主要归因于有机基团的燃烧和化学键的破坏[32, 38]。总质量损失约为54.3%，而 WO_3 形成时剩余质量为45.7%。假设高温煅烧后94.3%磷钨酸的剩余质量可直接归于 WO_3，并且分级纳米结构中的多巴胺可以完全分解，那么通过计算可以获得形成分级纳米结构的多巴胺与磷钨酸的摩尔比为20：1。

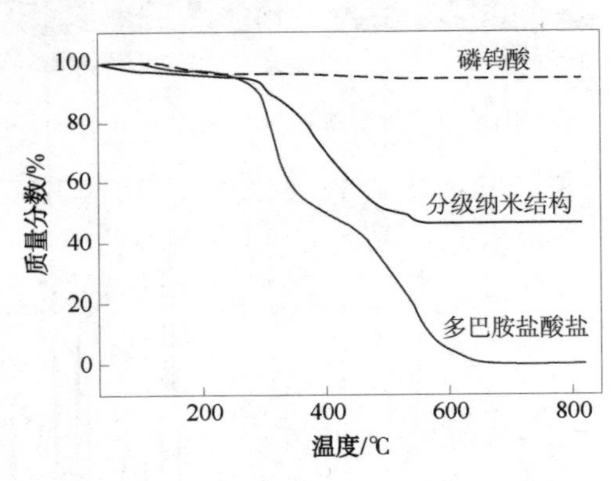

图5-4　热重分析曲线

5.3.2　WO_3纳米晶体光催化性能评估

通过所制备 WO_3 纳米晶体对有机染料的光催化降解实验评价其光催化活性。由于刚果红在纺织、造纸和皮革工业中的广泛应用，所以选用刚果红作为降解模型分子，其特征紫外可见吸收峰在498nm，对应于偶氮基团的 $\pi-\pi^*$ 跃迁。如图5-5和图5-6所示，通过在紫外光照射下 WO_3 纳米晶体分解刚果红以评估其光催化性质。值得注意的是，该实验使用的紫外光(254nm)强度仅为6W，远低于其他文献中所使用的紫外光的强度[32, 33]。光催化活性通过在指定时间间隔监测刚果红水溶液的紫外-可见光吸收评估。该实验的两个对照实验，即在没有紫外光或 WO_3 纳米晶体的条件下进行刚果红降解实验，证实了共孵育染料和 WO_3 纳米晶体不进行紫外光照射时染料没有降解，并且单纯的紫外光照射引起的染料降解也可以忽略不计。但是，当同时应用 WO_3 纳米晶体催化剂和紫外光时，可以看到刚果红溶液颜色(图 5-5)和紫外-可见光吸收强度(图 5-6)的显著变化。通过以上讨论，我们可以得出结论，WO_3 纳米晶体催化剂和紫外光的存在是刚果红降解的基本前提。

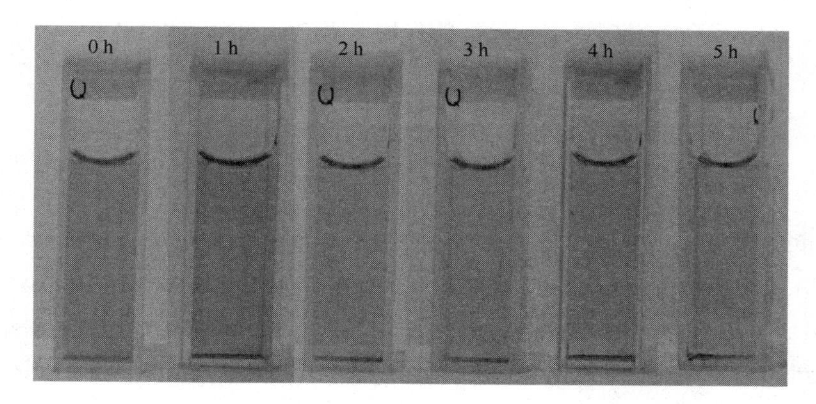

图 5-5　刚果红溶液在被 6W 紫外光照射下 0~5h 被 WO_3 光催化剂降解的照片

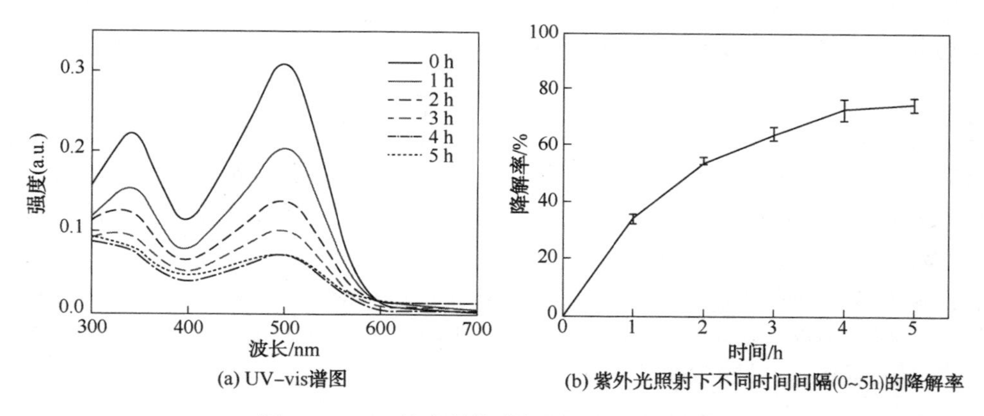

(a) UV-vis谱图

(b) 紫外光照射下不同时间间隔(0~5h)的降解率

图 5-6　WO_3 纳米晶体降解刚果红性能的研究

如图 5-5 所示，刚果红溶液的橙色逐渐变浅，说明染料颜色的特征官能团逐渐被分解了。刚果红溶液的紫外-可见光吸收强度随着暴露于紫外光下的时间的延长而降低，如图 5-6(a)所示，这也表明 WO_3 纳米晶体对染料降解的有效性。如图 5-6(b)所示计算降解效率，在 WO_3 纳米晶和 6W 紫外光照射同时存在下，降解率随着照射时间的延长而增加。经过紫外光照射 1h 后，降解效率为 33.6%，5h 后达到 74.3%。与其他文献报道的单纯 WO_3 材料相比较，该实验的降解效率相对较高[33, 39]。实验制得的 WO_3 纳米晶体 BET 比表面积为 16.96m^2/g，高比表面积增加了催化剂与染料的接触面积，是高效率催化的主要原因。

WO_3 纳米晶体光催化降解刚果红的机理在其他文献中已经有报道[33, 40]。一般来说，WO_3 纳米晶体可以吸收能量大于其带隙能量(2.54eV)的光子。然后，电子和空穴同时产生，并积累在 WO_3 的表面。光致电子从价带转移到导带，与水中的氧反应形成羟基自由基，其进一步氧化降解刚果红。另一方面，价带中剩余的空穴可以直接分解刚果红或与水和/或羟基反应形成羟基自由基。光照产生的光生电子和空穴都能发挥降解刚果红的作用。

5.4 本章小结

本章通过高温煅烧花状分级纳米结构制备了 WO_3 纳米粒子，并将其应用于典型染料分子刚果红的光催化氧化降解。热重分析证明分级纳米结构由摩尔比为 20：1 的多巴胺和磷钨酸共组装形成。在空气中 600℃煅烧处理分级纳米结构后，制备得到尺寸为 40~50nm、表面非常光滑的 WO_3 纳米颗粒。XRD 证实这些纳米粒子是高度结晶的正交晶型 WO_3 纳米粒子。此外，WO_3 纳米晶体能够在 6W 紫外光照射下高效降解刚果红。这项研究证实，单纯 WO_3 纳米晶体有望作为印染废水处理的高效催化剂，应用于工业和环保领域。

参考文献

[1] Iqbal J., Shah N. S., Sayed M., et al. Nano-zerovalent manganese/biochar composite for the adsorptive and oxidative removal of congo-red dye from aqueous solutions. Journal of Hazardous Materials, 2021, 403: 123854.

[2] Nawaz H., Umar M., Ullah A., et al. Polyvinylidene fluoride nanocomposite super hydrophilic membrane integrated with polyaniline-graphene oxide nano fillers for treatment of textile effluents. Journal of Hazardous Materials, 2021, 403: 123587.

[3] Nasrollahzadeh M., Sajjadi M., Iravani S., et al. Starch, cellulose, pectin, gum, alginate, chitin and chitosan derived (nano) materials for sustainable water treatment: a review. Carbohydrate Polymers, 2020, 116986.

[4] Rojas S., Horcajada P. Metal-organic frameworks for the removal of emerging organic contaminants in water. Chemical Reviews, 2020, 120(16): 8378-8415.

[5] Zhang Y., Zheng T. X., Hu Y. B., et al. Delta manganese dioxide nanosheets decorated magnesium wire for the degradation of methyl orange. Journal of Colloid and Interface Science, 2017, 490: 226-232.

[6] Weiping W. , Shuijin Y. Protection, Photocatalytic degradation of organic dye methyl orange with phosphotungstic acid. Journal of Water Resource and Protection, 2010, 2(11): 979-983.
[7] Zhou W. , Zhang W. , Cai Y. Laccase immobilization for water purification: a comprehensive review. Chemical Engineering Journal, 2020.
[8] Yek P. N. Y. , Peng W. , Wong C. C. , et al. Engineered biochar via microwave CO_2 and steam pyrolysis to treat carcinogenic Congo red dye. Journal of Hazardous Materials, 2020, 395.
[9] Cui J. , Li F. , Wang Y. , et al. Electrospun nanofiber membranes for wastewater treatment applications. Separation and Purification Technology, 2020.
[10] Hu M. , Xu Y. Photocatalytic degradation of textile dye X3B by heteropolyoxometalate acids. Chemosphere, 2004, 54(3): 431-434.
[11] Qian C. , Yin J. , Zhao J. , et al. Facile preparation and highly efficient photodegradation performances of self-assembled artemia eggshell-ZnO nanocomposites for wastewater treatment. Colloids and Surfaces A: Physicochemical and Engineering Aspects, 2021, 610.
[12] Panimalar S. , Uthrakumar R. , Selvi E. T. , et al. Studies of $MnO_2/g-C_3N_4$ hetrostructure efficient of visible light photocatalyst for pollutants degradation by sol-gel technique. Surfaces and Interfaces, 2020, 20.
[13] Acharya R. , Parida K. A review on $TiO_2/g-C_3N_4$ visible-light-responsive photocatalysts for sustainable energy generation and environmental remediation. Journal of Environmental Chemical Engineering, 2020, 8(4).
[14] Zeng Q. , Liu Y. , Shen L. , et al. Facile preparation of recyclable magnetic Ni@ filter paper composite materials for efficient photocatalytic degradation of methyl orange. Journal of Colloid and Interface Science, 2021, 582: 291-300.
[15] Hunge Y. , Yadav A. , Khan S. , et al. Photocatalytic degradation of bisphenol a using titanium dioxide@ nanodiamond composites under UV light illumination. Journal of Colloid and Interface Science, 2021, 582: 1058-1066.
[16] Liu Y. , Shen L. , Lin H. , et al. A novel strategy based on magnetic field assisted preparation of magnetic and photocatalytic membranes with improved performance. Journal of Membrane Science, 2020, 612.
[17] Li T. , Gao S. , Li F. , et al. Photocatalytic property of a Keggin-type polyoxometalates-containing bilayer system for degradation organic dye model. Journal of Colloid and Interface Science, 2009, 338(2): 500-505.
[18] You Y. , Gao S. , Xu B. , et al. Self-assembly of polyoxometalate-azure a multilayer films and their photocatalytic properties for degradation of methyl orange under visible light irradiation. Journal of Colloid and Interface Science, 2010, 350(2): 562-567.
[19] Brown G. T. , Darwent J. R. Methyl orange as a probe for photooxidation reactions of colloidal titanium dioxide. The Journal of Physical Chemistry, 1984, 88(21): 4955-4959.
[20] Yang Y. , Wu Q. , Guo Y. , et al. Efficient degradation of dye pollutants on nanoporous poly-

oxotungstate-anatase composite under visible-light irradiation. Journal of Molecular Catalysis A: Chemical, 2005, 225(2): 203-212.

[21] Wang Y.-P., Wang L.-J., Peng P.-Y. Photocatalytic degradation of L-acid by TiO_2 supported on the activated carbon. Journal of Environmental Sciences, 2006, 18(3): 562-566.

[22] Santato C., Odziemkowski M., Ulmann M., et al. Crystallographically oriented mesoporous WO_3 films: synthesis, characterization, and applications. Journal of the American Chemical Society, 2001, 123(43): 10639-10649.

[23] Cong S., Geng F., Zhao Z. Tungsten oxide materials for optoelectronic applications. Advanced Materials, 2016, 28(47): 10518-10528.

[24] Joshi U. A., Darwent J. R., Yiu H. H., et al. The effect of platinum on the performance of WO_3 nanocrystal photocatalysts for the oxidation of methyl orange and iso-propanol. Journal of Chemical Technology & Biotechnology, 2011, 86(8): 1018-1023.

[25] Szilágyi I. M., Fórizs B., Rosseler O., et al. WO_3 photocatalysts: influence of structure and composition. Journal of Catalysis, 2012, 294: 119-127.

[26] Villa K., Murcia-López S., Andreu T., et al. Mesoporous WO_3 photocatalyst for the partial oxidation of methane to methanol using electron scavengers. Applied Catalysis B: Environmental, 2015, 163: 150-155.

[27] Wang S., Maimaiti H., Guo Y., et al. Synthesis of petroleum pitch-based graphene oxide/tungsten trioxide nanorod and study on photocatalytic reduction of CO_2. Nano, 2021, 16(04).

[28] Peleyeju M. G., Viljoen E. L. WO_3-based catalysts for photocatalytic and photoelectrocatalytic removal of organic pollutants from water - a review. Journal of Water Process Engineering, 2021, 40.

[29] Zhang X., Wang X., Meng J., et al. Robust z-scheme g-C_3N_4/WO_3 heterojunction photocatalysts with morphology control of WO_3 for efficient degradation of phenolic pollutants. Separation and Purification Technology, 2021, 255.

[30] Li Y. F., Lu W., Chen K., et al. Anchoring Ba^{II} to Pd/H_yWO_{3-x} nanowires promotes a photocatalytic reverse water-gas shift reaction. Chemistry-A European Journal, 2020, 26(54).

[31] Ismail A. A., Faisal M., Al-Haddad A. Mesoporous WO_3-graphene photocatalyst for photocatalytic degradation of methylene blue dye under visible light illumination. Journal of Environmental Sciences, 2018, 66: 328-337.

[32] Shukla S., Chaudhary S., Umar A., et al. Surfactant functionalized tungsten oxide nanoparticles with enhanced photocatalytic activity. Chemical Engineering Journal, 2016, 288: 423-431.

[33] Vattikuti S. P., Byon C., Ngo I.-L. Highly crystalline multi-layered WO_3 sheets for photodegradation of Congo red under visible light irradiation. Materials Research Bulletin, 2016, 84: 288-297.

[34] Li H., Jia Y., Wang A., et al. Self-assembly of hierarchical nanostructures from dopamine and polyoxometalate for oral drug delivery. Chemistry - A European Journal, 2014, 20(2): 499-504.

[35] Li H. , Yan Y. , Gu X. , et al. Organic-inorganic hybrid based on co-assembly of polyoxometalate and dopamine for synthesis of nanostructured Ag. Colloids and Surfaces A: Physicochemical and Engineering Aspects, 2018, 538: 513-518.

[36] Ingham B. , Chong S. V. , Tallon J. L. Layered tungsten oxide-based organic-inorganic hybrid materials: an infrared and raman study. The Journal of Physical Chemistry B, 2005, 109 (11): 4936-4940.

[37] Polleux J. , Pinna N. , Antonietti M. , et al. Growth and assembly of crystalline tungsten oxide nanostructures assisted by bioligation. Journal of the American Chemical Society, 2005, 127 (44): 15595-15601.

[38] Le Houx N. , Pourroy G. , Camerel F. , et al. WO_3 nanoparticles in the 5-30 nm range by solvothermal synthesis under microwave or resistive heating. The Journal of Physical Chemistry C, 2010, 114(1): 155-161.

[39] Martínez-de la Cruz A. , Martínez D. S. , Cuéllar E. L. Synthesis and characterization of WO_3 nanoparticles prepared by the precipitation method: evaluation of photocatalytic activity under vis-irradiation. Solid State Sciences, 2010, 12(1): 88-94.

[40] Fernández-Domene R. M. , Sánchez-Tovar R. , Lucas-Granados B. , et al. Improvement in photocatalytic activity of stable WO_3 nanoplatelet globular clusters arranged in a tree-like fashion: Influence of rotation velocity during anodization. Applied Catalysis B: Environmental, 2016, 189: 266-282.

第6章 多巴胺与京尼平共价组装制备纳米粒子及其抗肿瘤应用

6.1 引 言

尽管目前纳米医学在癌症治疗方面取得了巨大进展，但是癌症治疗仍然是人类共同面临的难题[1]。联合疗法具有增强治疗效果、药物剂量低和可克服耐药性等优势，在治疗高度异质性的癌症方面显示了极大的应用潜力[2-4]。其中，光动力疗法与化疗的协同作用被认为是一种非常有应用前景的癌症治疗方案[5,6]。光动力疗法作为一种非侵入性、高选择性的治疗方式，在特定激光照射下对病变组织造成破坏而不损伤正常组织[7]，具有靶向性好、副作用小等优点，近年来受到广泛关注[8-10]。光动力疗法的关键因素是光敏剂，然而，多数传统光敏剂，如卟啉、酞菁和二氢卟酚，具有与传统药物相似的缺点，如水溶性差、生物利用度低、生物分布和靶点特异性差等[11,12]。为了克服这些缺陷，主要有以下两种解决策略：一种是利用纳米载体进行物理包载或者化学修饰；另一种是开发新型纳米光敏剂。最近，已经有报道关于制备无机纳米材料，如富勒烯[13]、金属纳米粒子[14]、石墨烯量子点[12]等作为光敏剂应用于光动力治疗。但是，以生物相容的天然生物分子为基础开发新型光敏剂的报道相对较少。因此，开发此类新型光敏剂极具研究价值。

多巴胺基纳米材料具有制备简便、可修饰性强、理化性质独特、多功能性等特点[15-16]。基于此，研究人员已经开发了丰富的多巴胺基纳米载体，如纳米粒子、微胶囊、薄膜、纤维、胶束等[17-19]。这些材料被广泛应用于生物医药领域，如药物输送、癌症治疗、组织工程、抗菌等[20-24]。其中，较为常见的是以聚多巴胺为基础制备的多巴胺基纳米材料，进而构建了丰富的纳米诊疗平台，包括化疗与光热治疗联合、光动力治疗与光热治疗联合、光热治疗与免疫治疗联合等。

但是关于多巴胺与其他分子通过共价组装制备多巴胺基纳米材料并应用于肿瘤治疗方面的研究，国内外却鲜有报道。

硼替佐米(bortezomib，Btz)是一种广泛应用的蛋白酶体抑制剂，已被用于多发性骨髓瘤等肿瘤的治疗[25-26]。Messersmith 研究小组的一项研究工作指出，硼替佐米可以通过形成硼酸酯键与多巴胺分子进行连接，该纳米复合物可作为 pH 敏感的纳米药物递送系统应用于癌症治疗。由于硼替佐米中的硼酸基团可以和多巴胺的邻苯二酚基团形成可逆的硼酸酯键，并且这种硼酸酯键具有 pH 响应性，在酸性条件下断裂，在中性以及碱性条件下稳定存在[25, 27]。因此，利用此化学键构建的 DA-Btz 复合物具有响应性释放的优势，并且有效克服化疗药物硼替佐米的水溶性差、血液毒性、心脏毒性等缺陷。

在本章中，我们通过多巴胺与京尼平之间的共价反应组装制备了具有良好生物相容性的纳米粒子。改变构筑基元的浓度和二者的比例对其进行尺寸调控。该方法制备的纳米粒子在激光照射下产生具有细胞毒性的$^1O_2$，能够作为光动力疗法的本征光敏剂。在此基础上，通过含有硼酸基团的化疗药物硼替佐米与多巴胺基纳米粒子形成硼酸酯键，设计了一个兼具化疗和光动力治疗的复合纳米药物体系，并对其药物响应性释放性能及抗肿瘤活性进行评估，如图 6-1 所示。

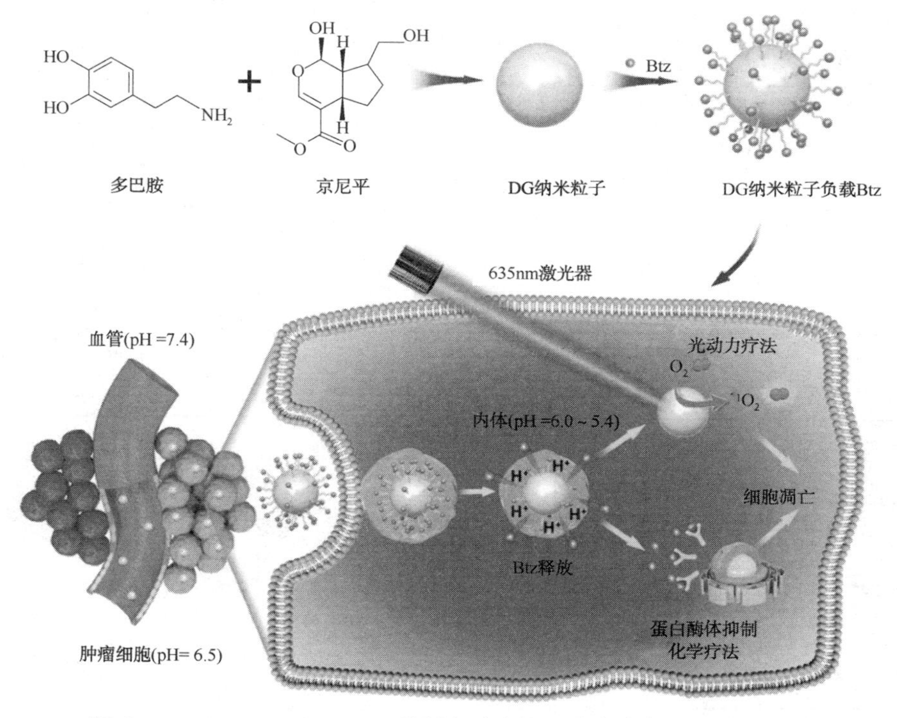

图 6-1　DGNPs、DGNPs-Btz 的制备及应用于联合治疗过程的示意图

6.2 实验研究

6.2.1 材料和仪器

实验所用的主要试剂和仪器如表 6-1 和表 6-2 所示。

表 6-1 主要实验试剂

试剂名称	规格	生产厂家
多巴胺·盐酸盐	>98%	Sigma-Aldrich
京尼平	>95%	Wako
硼替佐米	≥98%	Aladdin
ABDA	99%	Sigma-Aldrich
TEMP	95%	百灵威
Alexa 488	99%	Dojindo
Hoechst 33342	>99.9%	Dojindo
DCFH-DA	99%	Sigma-Aldrich
钙黄绿素(Calcein-AM)	95%	Sigma-Aldrich
碘化吡啶(PI)	95%	Sigma-Aldrich
CCK-8	98%	Dojindo
DMEM	99%	Invitrogen
FBS	>99.99%	Invitrogen
DMSO	分析纯	Sigma-Aldrich
NaOH	分析纯	北京化工

表 6-2 主要实验仪器

仪器名称	型号	生产厂家
扫描电子显微镜	S4800	HITACHI
透射电子显微镜	JEM-7700	JEOL
紫外分光光度计	UV-2600	SHIMADZU
傅立叶红外光谱仪	TENSOR-27	Bruker
飞行时间质谱仪	Autoflex III	Bruker
电子自旋顺磁光谱	E500	Bruker
液体核磁共振谱仪	Avance III 400 HD	Bruker

续表

仪器名称	型号	生产厂家
激光粒度仪	ZEN 3600	Malvern
激光器	635nm	ChangchunLeishi
共聚焦荧光显微镜	FV-1000	Olympus
酶标仪	Multiskan FC	Thermo

6.2.2 DGNPs纳米粒子的制备

配置3mmol/L多巴胺溶液和3mmol/L京尼平溶液，各取0.5mL于离心管，然后加入0.1mol/L NaOH溶液并快速振荡，调节混合液的pH=7.5，室温下500r/min振荡反应。反应一段时间后，混合液浊度逐渐增加，继续振荡反应至24h，将悬浊液离心、水洗3次，真空干燥备用。通过该方式制备的纳米粒子即为光敏性多巴胺基纳米粒子(DGNPs)。

为了进一步探索DGNPs的性质，改变多巴胺和京尼平二者的摩尔浓度、摩尔比例对合成的纳米粒子进行尺寸调控。

6.2.3 单线态氧的检测

采用9，10-蒽基-双(亚甲基)二丙二酸[9，10-Anthracenediyl-bis(methylene)dimalonic acid，ABDA]作为化学探针对DGNPs纳米粒子在光照下生成的$^1O_2$进行检测。如图6-2所示，ABDA可以和$^1O_2$发生特异性反应，变成环化氧化物的形式，导致ABDA在378nm处的吸光度降低，通过ABDA特征吸收峰的衰减程度反映$^1O_2$的产生情况。调节DGNPs溶液的浓度，使其在635nm处的吸光度和亚甲基蓝(methylene blue，MB)溶液相同，然后将等量的ABDA检测剂(10mM)分别加入到制备的DGNPs溶液和亚甲基蓝溶液中。用635nm的激光照射混合溶液，功率为$1W/cm^2$，每隔2min测一次溶液的吸光度。

DGNPs的$^1O_2$量子产率根据参考文献报道的公式进行测定[12]，如式(6-1)所示：

$$\Phi_{\Delta}^{s}=\Phi_{\Delta}^{R}\times\frac{K_S/K_R}{F_S/F_R} \tag{6-1}$$

式中 K——ABDA光降级斜率；

S——样品；

R——参照样品；

Φ_{Δ}^{R}——参照样品的量子产率。

以 MB 作为参比，在中性溶液中，$\Phi_{\Delta}^{R}=0.52$；$F=1-10^{-OD}$，OD 代表样品和 MB 最大吸收峰的吸光度。

除了上述方法以外，利用 2，2，6，6-四甲基-4-哌啶酮(2，2，6，6-Tetramethyl-4-piperidone，TEMP)作为检测剂也能对 $^1O_2$ 进行检测[28, 29]。电子自旋顺磁光谱检测方法如下：配置 20mmol/L 的 TEMP 重水(D_2O)溶液，将 50μL 的检测剂 TEMP 分别与 0. 5mL 的 DGNPs(500μg/mL)、DGNPs+Btz(500μg/mL)的悬浊液混合，不加纳米粒子的 TEMP 水溶液作为对照，用 635nm 的激光($1W/cm^2$)照射 10min，注入毛细管，橡皮泥封底，利用电子顺磁共振波谱仪进行检测。

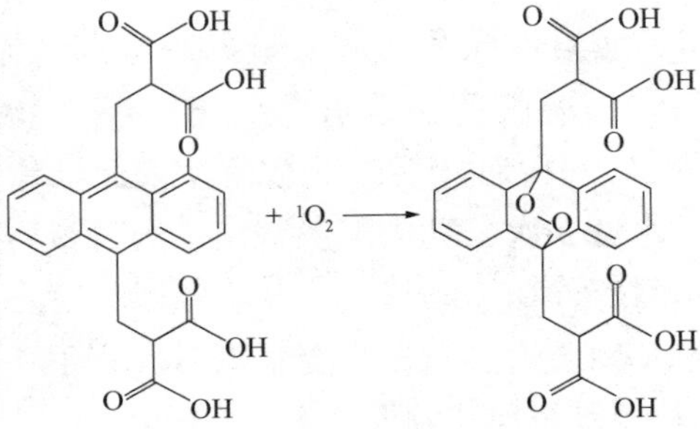

9,10-蒽基-双(亚甲基)二丙二酸

图 6-2　ABDA 检测 $^1O_2$ 的特异性反应式

6. 2. 4　化疗药物 Btz 的负载

将 3mg/mL 的 DGNPs 与 1mg/mL Btz 的 DMSO 溶液混合，500r/min 振荡反应 5h，然后将混合液离心、水洗 3 次，收集每次的上清液，用紫外可见分光光度计测量离心后上清液 Btz 的吸光度(270nm)，根据负载前后 Btz 浓度的变化计算 Btz 的药物包封率。药物包封率的计算公式如式(6-2)所示[30]：

$$EE\% = \frac{Initial\ concentration\ of\ drug - Drug\ content\ in\ the\ supermatant}{Initial\ concentration\ of\ drug} \times 100 \tag{6-2}$$

6. 2. 5　药物释放性能研究

将 DGNPs-Btz 纳米粒子分散在不同 pH(pH＝7. 4 和 pH＝5. 4)的 PBS 缓冲液中，在室温 500r/min 下持续振荡，每隔一段时间将 0. 5mL 旧的 PBS 用新的 PBS 缓冲液代替并保持原体积不变，UV-Vis 测量上清液的吸光度，通过 270nm 处 Btz 的特征吸收值进行计算，得到 Btz 释放曲线。计算公式[31]：

$$C_C = C_t + \frac{v}{V}\sum_{0}^{t-1} C_t \tag{6-3}$$

式中 C_C ——t 时刻修正后的浓度，μg/mL；

C_t ——t 时刻的浓度，μg/mL；

V ——总体积，mL；

v ——每次取出的体积，mL。

6.2.6 细胞内吞与成像

将人宫颈癌细胞(HeLa 细胞)接种在直径为 35mm 的培养皿中，加入含 10% 胎牛血清的 DMEM 培养基，置于 37℃、含 5% CO_2的培养箱中进行培养，24h 后加入含有 DGNPs(500μg/mL)的培养液共孵育 5h，PBS 水洗 2 次，除去过量的纳米粒子，更换新鲜培养基。然后加入 10μL Hoechst 33342(1mg/mL)和 10μL Alexa 488(1mg/mL)共孵育 10min，分别对细胞核和细胞膜进行染色，利用激光共聚焦显微镜观察 HeLa 细胞内吞 DGNPs 的三维图像。纳米粒子由 559nm 激光器激发，细胞核和细胞膜染料分别由 405nm 和 488nm 激光器激发。

6.2.7 细胞内活性氧的检测

将 HeLa 细胞接种培养皿中，加入含 10% FBS 的 DMEM 培养基，置于 37℃、含 5% CO_2 的培养箱中进行培养，24h 后分别加入含 DGNPs、DGNPs-Btz (1mg/mL)的培养液共培养 5h，清洗后加入不含血清的培养基 1mL，再加入活性氧捕获剂 2′，7′-二氯荧光素二乙酸酯(DCFH-DA)，使其终浓度为 10μmol/L。共孵育 30min 后，使用 635nm 激光($1W/cm^2$)照射 20min，利用激光共聚焦显微镜进行观察。

6.2.8 细胞毒性研究

将 HeLa 细胞接种到 96 孔细胞培养板上，细胞密度 5×10^3 个/孔，每孔加入 100μL 培养液，24h 后移去培养液，PBS 清洗两遍之后加入 100μL 不同浓度(0.0625mg/mL、0.125mg/mL、0.25mg/mL、0.5mg/mL、1mg/mL)的 DGNPs-Btz 培养液共培养 6h，一组用 635nm 的激光($1W/cm^2$)照射 20min，另一组在黑暗条件下作为对照，继续培养 24h 后检测其细胞毒性。此外还考察了不同处理条件下，对细胞活性的影响，将 Btz、DGNPs、DGNPs-Btz 的培养液分别与细胞进行培养，一组进行光照处理，另一组无光照作为对照，24h 后用细胞计数试剂(Cell Counting Kit-8，CCK-8)试剂盒测定细胞的存活率。存活率计算公式如下：

$$\text{细胞存活率}(\%)=[(A_s-A_b)/(A_c-A_b)]\times100 \quad (6-4)$$

式中 A_s，A_b，A_c——实验组、空白组、对照组的吸光度数值。

利用激光共聚焦显微镜观察法进行细胞毒性测试，将 HeLa 细胞接种到直径为35mm的共聚焦培养皿上，24h后分别加入含DGNPs、DGNPs-Btz(1mg/mL)的培养液共培养6h。然后用PBS清洗两遍加入新的培养基，用635nm激光($1W/cm^2$)照射20min，将照射后的细胞再培养12h后观察。加入10μL的碘化吡啶(propidium iodide，PI)(1mg/mL)和10μL的钙黄绿素-AM(Calcein acetoxymethyl esterCalcein-AM，Calcein-AM)(20μg/mL)共孵育20min对细胞进行标记，用激光共聚焦显微镜进行图片采集。Calcein-AM由488nm激发，PI由559nm激发，未加药物的空白细胞同样条件作为对照。

6.3 结果与讨论

6.3.1 DGNPs纳米粒子的制备

将多巴胺与京尼平按1∶1的比例进行混合，用NaOH调节混合液的pH至7.5。反应一段时间后，溶液的浊度逐渐增加，溶液颜色逐渐由无色、浅色转变为深色。之后，颜色逐渐加深，反应24h后，溶液转变为深色(图6-3)，说明多巴胺和京尼平之间发生了反应。将反应所得悬浊液离心、水洗三次，收集产物DGNPs，以备下一步的表征。

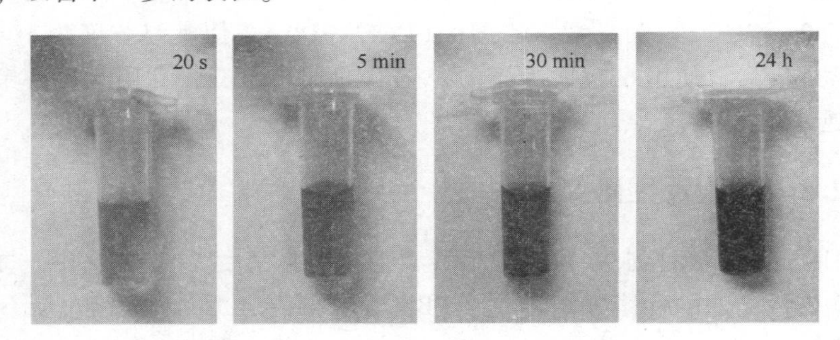

图6-3 纳米粒子反应随时间变化的光学图像

当多巴胺与京尼平的浓度均为3mM时，通过SEM和TEM可以观察到，制备的产物为球形纳米粒子，直径约为110nm，TEM结果表明球形粒子为实心纳米颗粒(图6-4)。进一步改变两种组装基元的摩尔比例、浓度对纳米粒子的尺寸进行调节。研究发现，当多巴胺与京尼平的摩尔比分别为1∶1、1∶2、1∶3时，随着京尼平含量的增加，纳米粒子尺寸由110nm逐渐增加至190nm。当两者浓度分别为3mmol/L、6mmol/L、9mmol/L时，其尺寸由110nm显著增加至360nm，改变浓度明显增加了纳米粒子的尺寸。

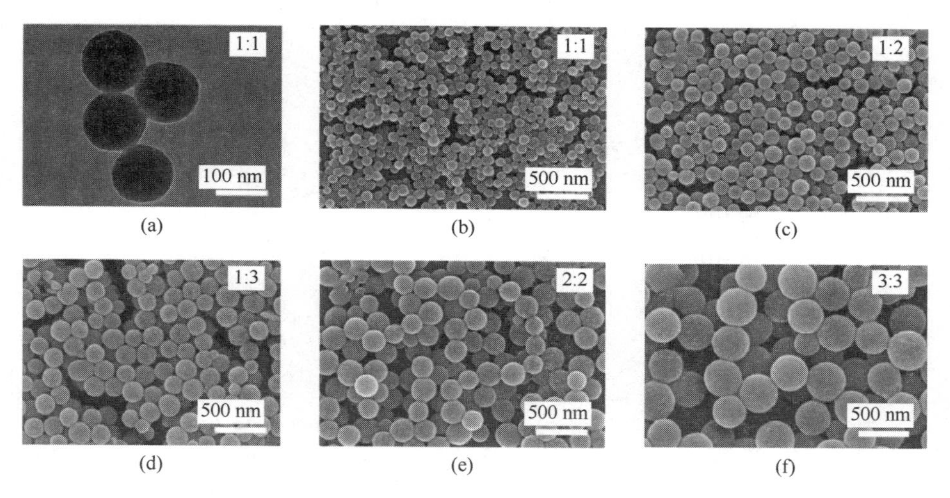

图 6-4　DGNPs 纳米粒子的形貌观察

注：(a)TEM 图像，标尺是 100nm；(b-f)不同比例多巴胺和京尼平反应制备的 DGNPs 的 SEM 图像，标尺是 500nm

采用动态光散射(Dynamic Light Scattering，DLS)进一步表征纳米粒子的尺寸，证实分散在水溶液中的纳米粒子粒径约为 110nm，与 SEM、TEM 图像相符合。将纳米粒子分散在细胞培养液 DMEM 中对纳米粒子的稳定性进行研究，分别测量了第 1 天、第 3 天、第 5 天纳米粒子的粒径，发现纳米粒子在 DMEM 中存放 5 天仍能够保持尺寸稳定。与水溶液中的纳米粒子相比，DMEM 中的纳米粒子水合直径比分散在水中的纳米粒子高一些，这可能是培养基中的部分蛋白通过静电相互作用吸附在纳米粒子表面导致的(图 6-5)[32]。

6.3.2　纳米粒子组装机理分析

为了探究 DGNPs 的形成机理，首先利用傅里叶变换红外光分析产物的化学结构。图 6-6 给出两种原料京尼平和多巴胺以及产物 DGNPs 的红外吸收光谱。京尼平分子在 1686cm^{-1}出现的典型吸收峰(C ═O)，与多巴胺反应形成纳米粒子之后，该峰红移到了 1718cm^{-1}。此外，位于 1110cm^{-1}的京尼平的 C—O—C 伸缩振动峰消失，表明京尼平发生了开环反应，氧原子被多巴胺的 N 原子所取代[11]。与多巴胺分子的红外光谱相比较，纳米粒子在 2638cm^{-1}和 2537cm^{-1}处的 N—H 伸缩振动峰消失，表明了多巴胺上的 N 可能发生了亲核反应。

我们采用基质辅助激光解吸电离飞行时间质谱(MODLI-TOF)对纳米粒子的分子质量进行分析。从图 6-7 的质谱图中可以看出，纳米粒子的质荷比(m/z)为 647.85。京尼平的分子质量为 226.23，多巴胺的分子质量为 153.18，这与我们根据反应机理推测的分子质量相吻合，如图 6-8 所示。因此，我们推断多巴胺与

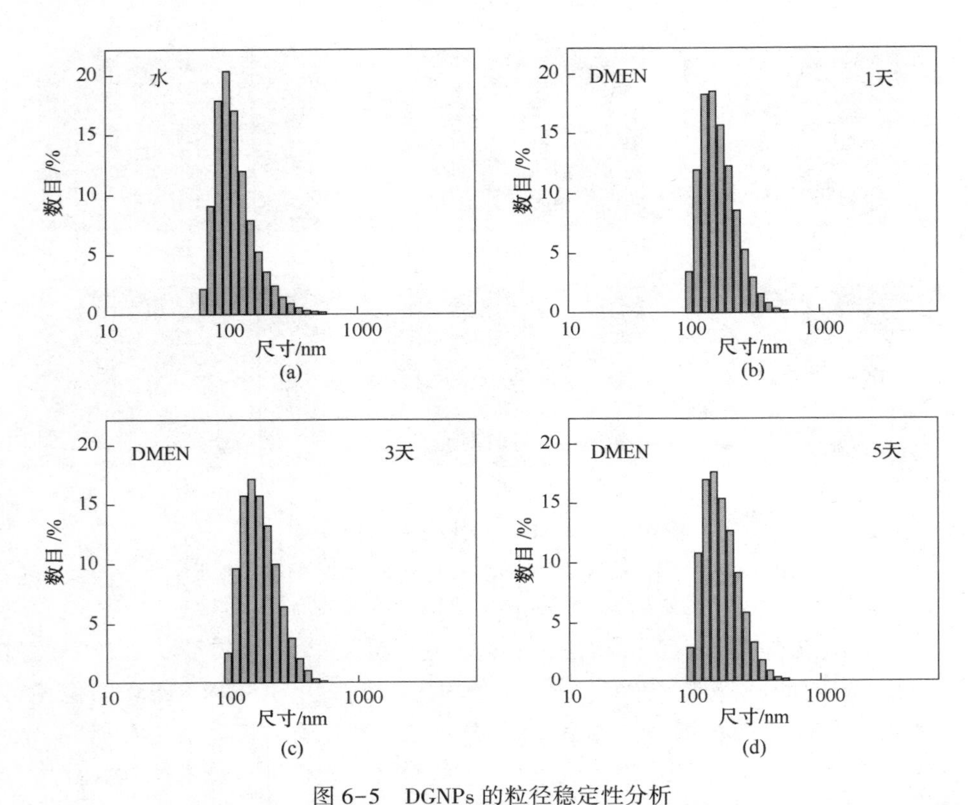

图 6-5　DGNPs 的粒径稳定性分析

注：(a)DGNPs 在水中的粒径分布；(b)~(d)DGNPs 在 DMEM 中 1 天、3 天、5 天的粒径分布

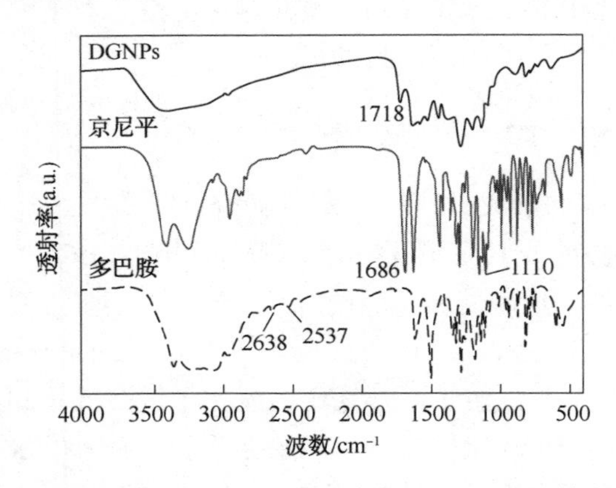

图 6-6　多巴胺、京尼平、以及产物 DGNPs 的红外光谱图

京尼平之间的反应包括京尼平的开环、重排，中间体的二聚化以及多巴胺上氮的亲核反应。最终，两分子的多巴胺与两分子的京尼平反应生成分子质量为 647.85 的四聚合的产物。

采用光谱法对纳米粒子的光吸收和荧光特性进行了研究。如图 6-9(a)所示，

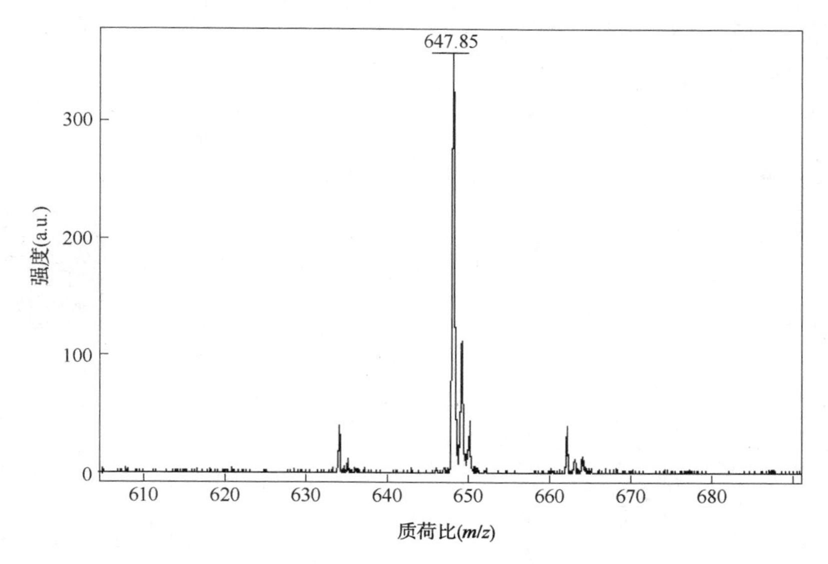

图 6-7　DGNPs 的 MALDI-TOF 图谱

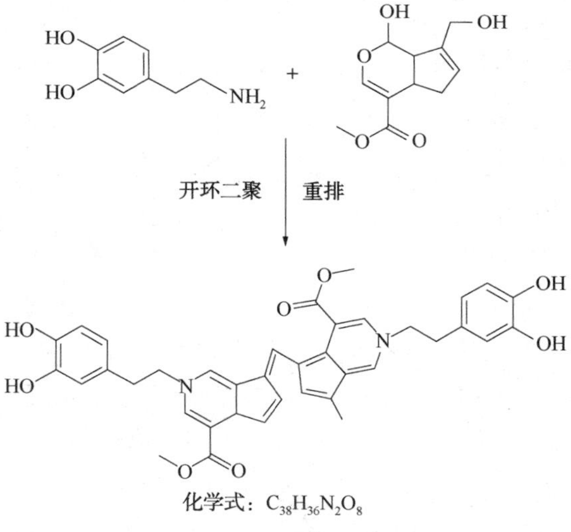

开环二聚　重排

化学式：$C_{38}H_{36}N_2O_8$

图 6-8　多巴胺与京尼平共价反应形成的组装单元

京尼平、多巴胺的吸收峰分别位于 240nm 和 280nm。纳米颗粒分别在 293nm 和 627nm 有两个较强的吸收峰，京尼平的 240nm 吸收峰红移到 293nm，也可辅助证明京尼平的开环反应以及含氮杂环的形成[33]。在 627nm 左右宽的吸收峰的出现，可能是由于纳米粒子中存在着 π-π 共轭结构。DGNPs 在可见光下呈现蓝色，也正是因为对红光区域的吸收。我们进一步利用激光共聚焦显微镜观察到了 DGNPs 的红色荧光，如图 6-9(b)所示，纳米粒子的自荧光现象可能是因为 π-π 共轭以及芳香环结构的存在。使用559nm的激光激发DGNPs，可以得到纳米粒子的发射光谱，DGNPs自荧光的特性表明用该方法制备的多巴胺基纳米粒子是一种潜在的荧光成像药剂。

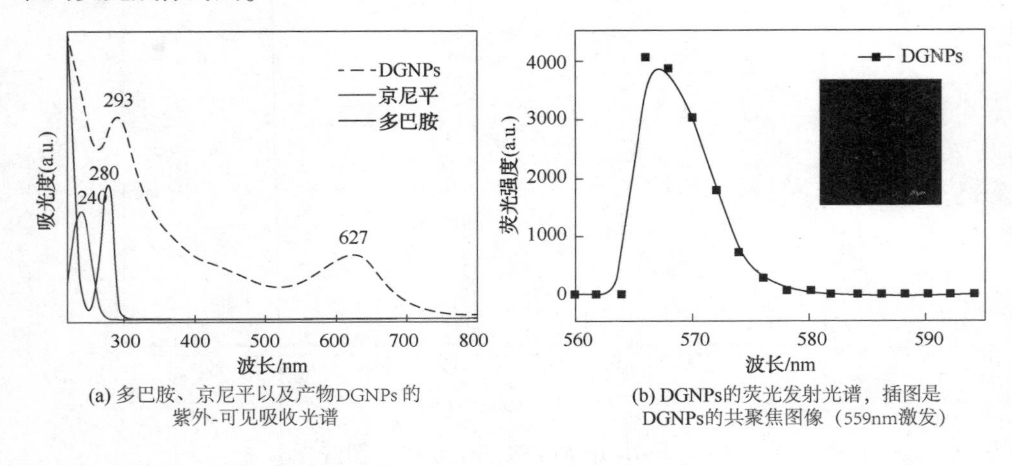

(a) 多巴胺、京尼平以及产物DGNPs的紫外-可见吸收光谱

(b) DGNPs的荧光发射光谱，插图是DGNPs的共聚焦图像（559nm激发）

图6-9　纳米粒子的光学性能研究

6.3.3　单线态氧的检测

9，10-蒽基-双(亚甲基)二丙二酸是一种检测活性氧的化学探针，其可以与$^1O_2$发生特异性反应，生成环化氧化物，并使得ABDA在378nm处的吸光度降低，从而对$^1O_2$进行定量分析[34]。我们以ABDA为检测剂，以635nm的激光为纳米粒子产生$^1O_2$的激发光源，进一步研究了上述制备的纳米粒子作为产生单线态氧的情况。分别用635nm的激光对含有等量ABDA的水溶液、DGNPs溶液、亚甲基蓝溶液进行照射，每隔2min测量一次溶液的吸光度。根据0~10min不同溶液中ABDA在378nm特征吸收峰的衰减情况对$^1O_2$进行定量分析。如图6-10所示，实验结果表明：单纯的激光照射对ABDA的吸收峰几乎没有影响，但加入了DGNPs之后，随着635nm的激光照射，溶液在378nm处的吸光度逐渐降低，说明DGNPs能够在红光照射下产生单线态氧。亚甲基蓝是一种临床批准的光敏剂，$\phi_{(MB)}=0.52$，以此作为参照物，根据MB和DGNPs溶液中ABDA特征吸收峰下降程度和时间的相关性性曲线，计算可得纳米粒子的单线态氧量子产率约为0.18。

此外，我们进一步利用电子顺磁共振对纳米粒子在光照下产生的$^1O_2$进行检测。TEMP分子可与$^1O_2$反应生成顺磁性的TEMPO，这是一种稳定的氮氧自由基[35]（图6-11）。它的EPR光谱中有三个典型的吸收峰。实验结果如图6-12所示，纯的TEMP在光照下不产生$^1O_2$，而在DGNPs和TEMP的混合液中，在

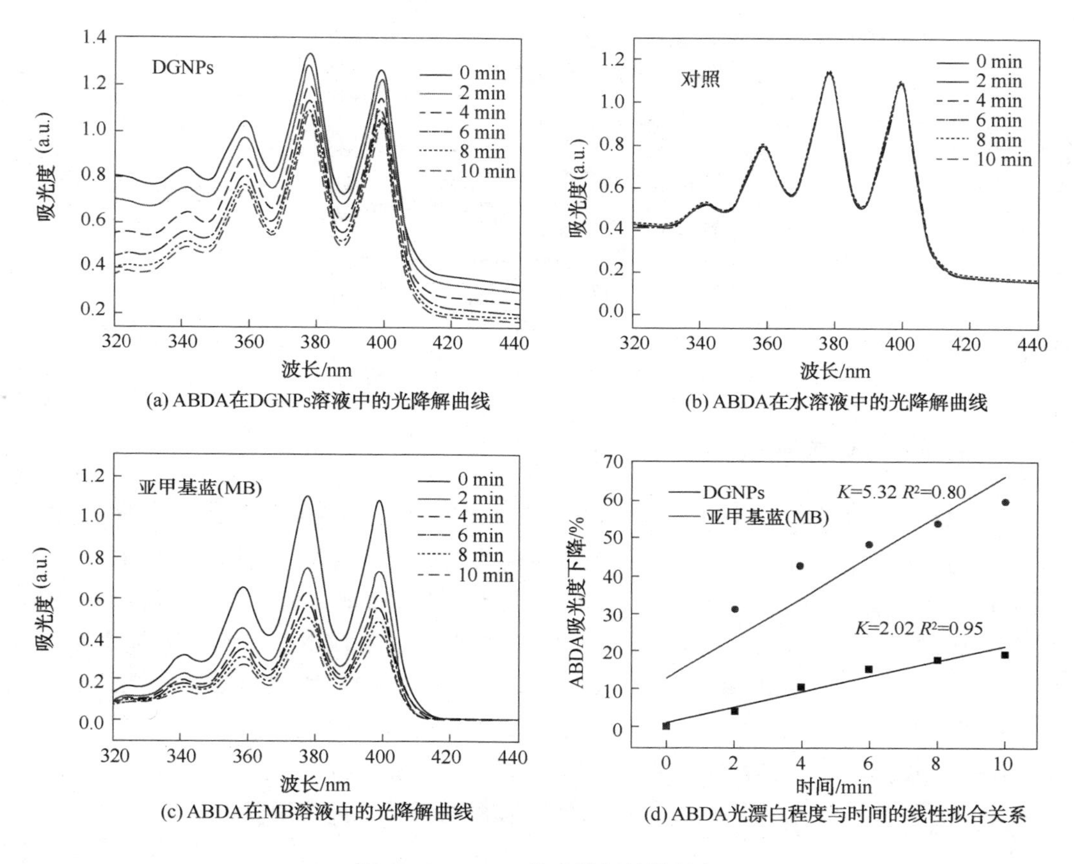

(a) ABDA在DGNPs溶液中的光降解曲线

(b) ABDA在水溶液中的光降解曲线

(c) ABDA在MB溶液中的光降解曲线

(d) ABDA光漂白程度与时间的线性拟合关系

图 6-10　ABDA 的光降解效果研究

635nm 的激光照射下，DGNPs 溶液产生了明显的信号，充分证明了 DGNPs 能产生$^1O_2$。我们对负载了 Btz 的 DGNPs 也进行了$^1O_2$检测，同样检测到 TEMPO 显著的信号。这说明 DGNPs 不仅能作为一种新型的纳米光敏药物，而且在作为纳米药物载体应用时也能很好地保持光敏剂特性。

$$+\ ^1O_2 \xrightarrow{H^+}\ +\ H_2O$$

2,2,6,6-四甲基哌啶　　2,2,6,6-四甲基哌啶氧化物

图 6-11　TEMP 检测单线态氧机理

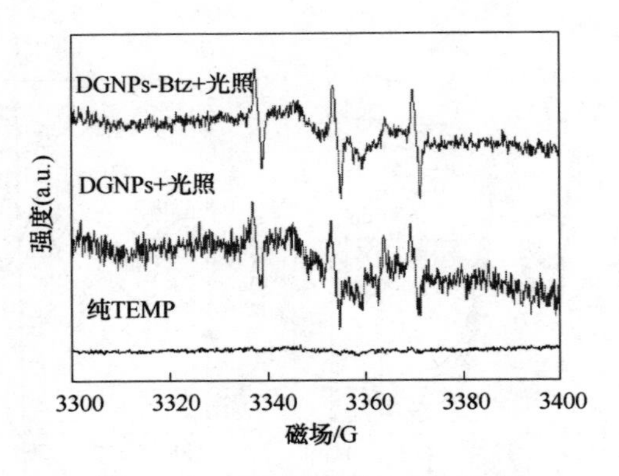

图 6-12　TEMP 检测$^1O_2$EPR 光谱

6.3.4　化疗药物 Btz 的负载

上述研究证明，DGNPs 在 635nm 的激光照射下产生具有细胞毒性的$^1O_2$，能够作为一种本征光敏剂应用。为了获得更优的癌症治疗效果，我们在纳米粒子表面进一步负载了化疗药物 Btz，一种能够引起多种肿瘤细胞凋亡的二肽硼酸衍生物，构建了一个集化疗、光疗一体的纳米诊疗平台。在 DGNPs 和 Btz 反应 5h 后，离心收集上清液，根据 Btz 的标准曲线计算得到 Btz 的药物包封率约为 22.1%。为了证明 Btz 被成功负载在 DGNPs 上，利用核磁共振氢谱进行分析，如图 6-13 所示，分别对 Btz、DGNPs、DGNPs-Btz 进行了 NMR 分析，Btz 在 8.6~9.2ppm（$1ppm=1\times10^{-6}$）和 7.0~7.2ppm 处出现了明显的尖峰，这是因为 Btz 分子中吡嗪

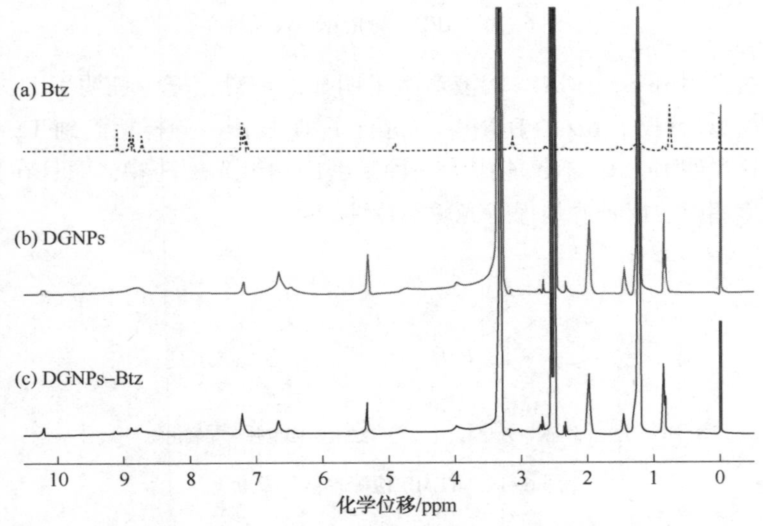

图 6-13　Btz、DGNPs、DGNPs-Btz 的^1H NMR 谱图

质子和苯基质子的存在[36]。DGNPs-Btz 与 DGNPs 相比，也出现了 Btz 的特征峰。除此之外，在 5.5~6.5ppm 出现了新的特征峰，这是因为 DGNPs 和 Btz 之间形成了硼酸酯键，证明了 Btz 被纳米粒子成功负载[37]。

6.3.5 药物释放性能研究

肿瘤组织比正常组织的 pH 值略低，呈弱酸性。DGNPs 通过多巴胺裸露的邻苯二酚基团与 Btz 的硼酸基团反应生成可逆的硼酸酯键进行连接。硼酸酯键是一种具有 pH 响应性的化学键，在中性和碱性环境中比较稳定，在酸性环境下易发生断裂。这一特性使 DGNPs-Btz 能够在肿瘤部位微酸性环境下释放 Btz，杀死肿瘤细胞。

我们分别采用 pH=7.4 和 pH=5.4 两种缓冲溶液模拟正常组织和肿瘤组织微环境，将 DGNPs-Btz 分散在两种缓冲液中进行药物释放研究，根据 Btz 的标准曲线计算 Btz 的累积释放量。如图 6-14 所示，实验结果表明，在 pH=7.4 的缓冲溶液中，Btz 在 2h 内呈现了一个快速释放，之后释放的量较少。而在 pH=5.4 的缓冲溶液中，Btz 在 2h 内呈现了一个更为快速的释放，此后的时间内呈现了药物的缓慢释放。最终，经过 12h 的释放，在 pH=7.4 的缓冲溶液中大约有 38%的 Btz 释放，而在 pH=5.4 的缓冲溶液中，大约有 94%的 Btz 释放。这些结果证明 Btz 成功负载在 DGNPs 上，并且 DGNPs-Btz 具有响应性释放的特性。

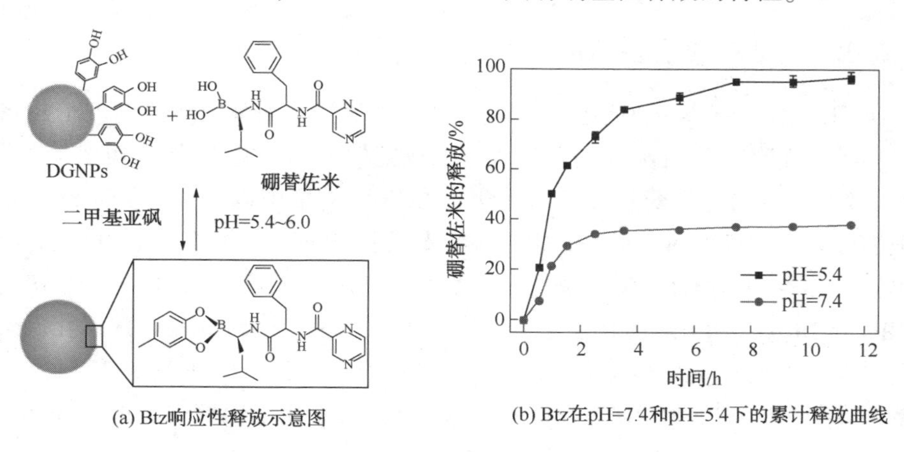

图 6-14 药物 Btz 负载及释放性能研究

6.3.6 纳米粒子被细胞内吞情况

将 DGNPs-Btz 纳米粒子与 HeLa 细胞共培养 5h，分别用 Hoechst 33342 染料和 Alexa Fluor 488 染料对细胞核和细胞膜进行染色。利用共聚焦显微镜进行观察，细胞核和细胞膜在染色后分别呈现蓝色和绿色，DGNPs-Btz具有自荧光的特性，在559nm激光的激发下呈现红色荧光，这种现象可能是由于在DGNPs-Btz复合物中存在π-π共轭、芳香环和N-杂原子[11, 38-39]。由3D重组图(图6-15)可以看出有大量的DGNPs-Btz进入细胞质，表明纳米粒子具有良好的生物相容性，能有效被细胞内吞。

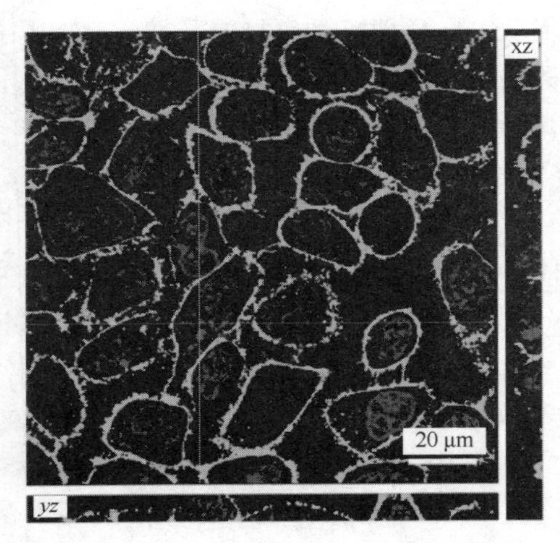

图6-15　HeLa细胞内吞DGNPs-Btz纳米粒子的3D CLSM图像

注：中心图片是在z轴固定下xy俯视界面图，下图是沿xz切割的侧视图，右图是沿yz的切割侧视图

6.3.7　细胞内活性氧的产生情况

DCFH-DA分子是一种细胞膜穿透染料，能够检测细胞内活性氧。在ROS存在下，经过细胞内脱脂作用，会被氧化生成能够发射绿色荧光的DCF。我们将DCFH-DA分别与不加药物的细胞、含有DGNPs的细胞以及含有DGNPs-Btz的细胞进行共孵育，利用共聚焦显微镜对激光照射20min前后的每组细胞进行图像采集，如图6-16所示。在不用药物处理的细胞中没有荧光出现，而在含有DGNPs和DGNPs-Btz的细胞在光照后均产生了色荧光，此外还用数据化的形式对空白组、DGNPs、DGNPs-Btz产生的荧光进行定量分析，如图6-17所示。这些结果表明，DGNPs和负载了Btz的纳米粒子在光照下均能产生大量的ROS。

6.3.8　细胞毒性测试

利用CCK-8实验对不同纳米粒子处理的细胞活性进行了评估。如图6-18所示，分别用不同浓度的DGNPs-Btz与细胞共孵育6h后，一组用635nm激光($1W/cm^2$)照射20min，另一组不进行光照。随着DGNPs-Btz的浓度不断增加，对肿瘤细胞产生的细胞毒性逐渐增加，呈浓度依赖性。对比相同浓度的DGNPs

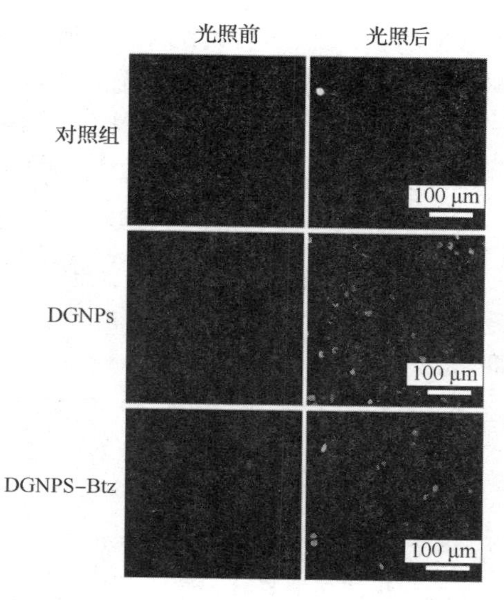

图 6-16　空白组、DGNPs、DGNPs-Btz 不同治疗组，HeLa 细胞内活性氧产生情况（标尺为 100μm）

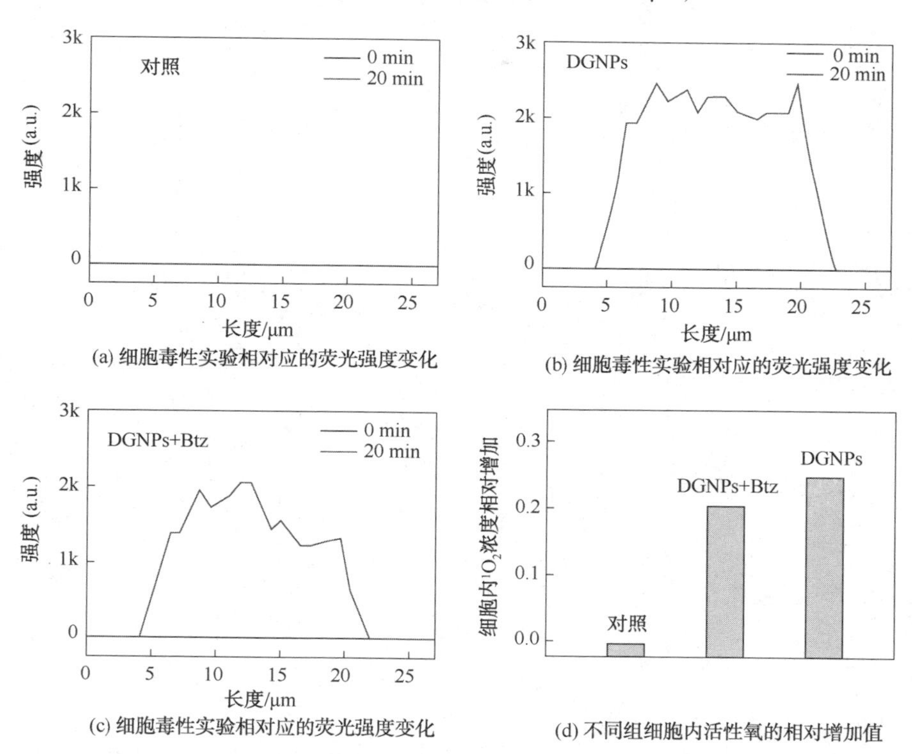

图 6-17　空白组、DGNPs、DGNPs-Btz 不同治疗组，HeLa 细胞内活性氧产生情况

和 DGNPs-Btz 处理的细胞发现，如图 6-19 所示，单独的纳米粒子，在不光进行光照的条件下，对 HeLa 细胞没有毒性，在激光照射条件下，细胞活性为 80%，说明 DGNPs 能够产生单线态氧，对肿瘤细胞造成损伤。DGNPs-Btz 在不光照的条件下，细胞活性为 63%，与同等浓度的单纯 Btz 药物对肿瘤细胞的杀伤效果基本相同，说明 DGNPs-Btz 在肿瘤部位对化疗药物 Btz 进行了响应性释放，发挥了 Btz 化疗药物的作用。与不光照的条件进行对比，DGNPs-Btz 在光照的条件下能够杀死 57%的细胞，细胞存活率为 43%，体现了 DGNPs 光动力疗法和 Btz 药物化疗协同杀死癌细胞的效果。

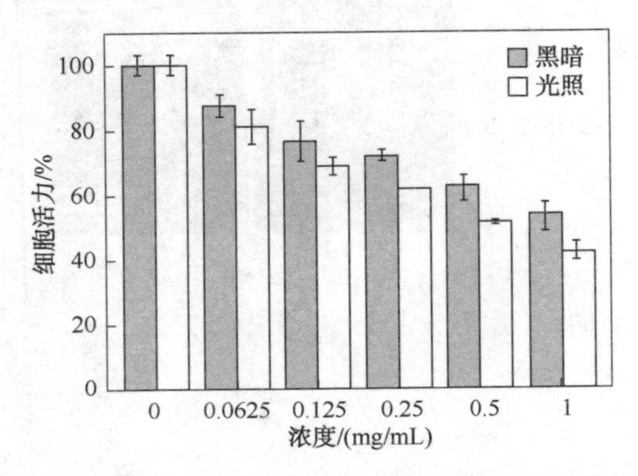

图 6-18　不同浓度 DGNPs-Btz 处理 HeLa 细胞的存活率

注：深色代表黑暗组，浅色代表光照组

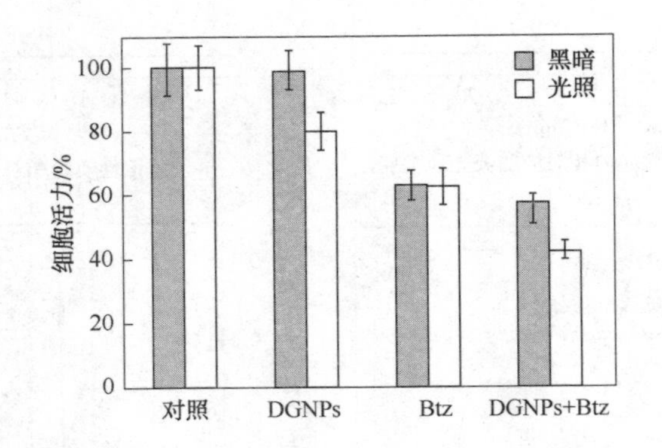

图 6-19　DGNPs、Btz、DGNPs-Btz 不同实验条件下 HeLa 细胞的存活率，不加药物组作为对照

注：深色代表黑暗组，浅色代表光照组

为了进一步可视化观察纳米粒子对 HeLa 细胞的杀伤效果，利用共聚焦显微镜进行观察。DGNPs、DGNPs-Btz 分别与 HeLa 细胞共孵育 6h 后，利用 635nm 激

光(1W/cm^2)照射 20min，再共孵育 12h 后用 CLSM 采集图像。利用 Calcein-AM 和 PI 染料对细胞进行染色，活细胞可以被 Calcein-AM 染色发出绿色荧光，死细胞可以被 PI 染色发出红色荧光[40]。如图 6-20 所示，实验结果发现，与 DGNPs 共培养的细胞呈现了明显的红色，少量的绿色，说明 DGNPs 在光照下产生的$^1O_2$对肿瘤细胞造成了损伤，与 DGNPs 共培养的细胞相比，与 DGNPs-Btz 共培养的细胞呈现了明显的红色，几乎没有绿色，进一步证明了多巴胺和京尼平共价组装的纳米粒子，具有光动力疗法的效果，并且在负载 Btz 化疗药物之后，构建了一个具有协同抗肿瘤效果的纳米平台。

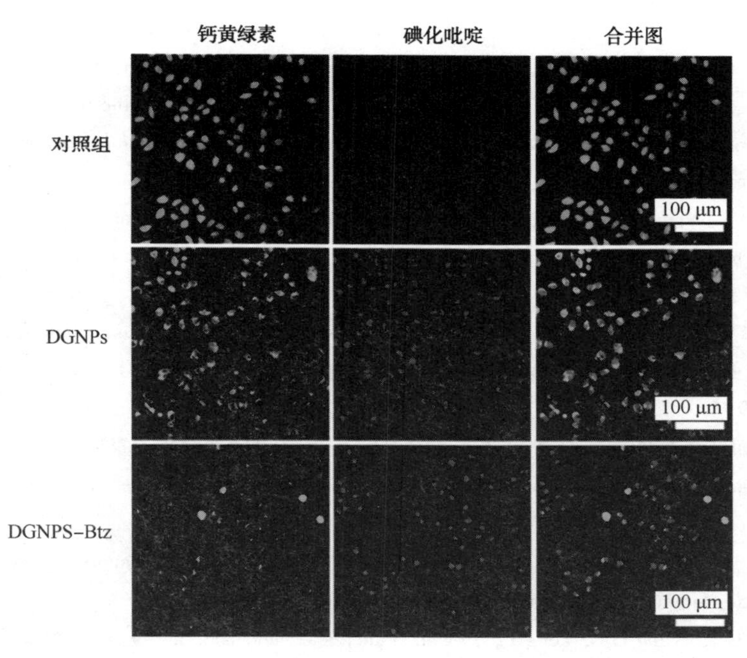

图 6-20　不加药物、DGNPs、DGNPs+Btz 不同条件下处理 HeLa 细胞，在 635nm 激光照射 20min 后共孵育 12h 后的 CLSM 图像

注：Calcein-AM 标记活细胞、PI 标记死细胞，图像标尺为 100μm

6.4　本章小结

以多巴胺和京尼平为构筑基元，通过两者之间的共价组装制备了多巴胺基纳米粒子。该纳米粒子具有良好的生物相容性，且尺寸可调、稳定性良好，具有自荧光的特性。并且，这种纳米粒子在 635nm 激光的照射下能产生单线态氧，具有

光动力疗法本征光敏剂的性质。在此基础上，利用邻苯二酚基团与硼酸之间形成可逆性硼酸酯键在多巴胺基纳米粒子上负载化疗药物硼替佐米，构建了一个化疗、光动力治疗联合的抗肿瘤纳米药物体系。实验证明该纳米药物体系能够有效在细胞内产生活性氧物种，并在酸性条件下快速释放化疗药物 Btz，具有协同抗肿瘤的治疗效果。

参 考 文 献

[1] Shi J., Kantoff P. W., Wooster R., et al. Cancer nanomedicine: progress, challenges and opportunities. Nature Reviews Cancer, 2017, 17(1): 20-37.

[2] Li H., Jia Y., Peng H., et al. Recent developments in dopamine-based materials for cancer diagnosis and therapy. Advances in Colloid and Interface Science, 2018, 252: 1-20.

[3] Xu J., Xu L., Wang C., et al. Near-infrared-triggered photodynamic therapy with multitasking upconversion nanoparticles in combination with checkpoint blockade for immunotherapy of colorectal cancer. ACS Nano, 2017, 11(5): 4463-4474.

[4] Duan S., Yang Y., Zhang C., et al. Nir-responsive polycationic gatekeeper-cloaked hetero-nanoparticles for multimodal imaging-guided triple-combination therapy of cancer. Small, 2017, 13(9).

[5] Lee H., Han J., Shin H., et al. Combination of chemotherapy and photodynamic therapy for cancer treatment with sonoporation effects. Journal of Controlled Release, 2018, 283: 190-199.

[6] Pasparakis G., Manouras T., Vamvakaki M., et al. Harnessing photochemical internalization with dual degradable nanoparticles for combinatorial photo - chemotherapy. Nature Communications, 2014, 5(1): 1-9.

[7] Dougherty T. J., Gomer C. J., Henderson B. W., et al. Photodynamic therapy. JNCI: Journal of the National Cancer Institute, 1998, 90(12): 889-905.

[8] Cheng L., Wang C., Feng L., et al. Functional nanomaterials for phototherapies of cancer. Chemical Reviews, 2014, 114(21): 10869-10939.

[9] Hu J., Tang Y. A., Elmenoufy A. H., et al. Nanocomposite-based photodynamic therapy strategies for deep tumor treatment. Small, 2015, 11(44): 5860-5887.

[10] Liu K., Xing R., Chen C., et al. Peptide-induced hierarchical long-range order and photocatalytic activity of porphyrin assemblies. Angewandte Chemie International Edition, 2015, 54(2): 500-505.

[11] Yang X., Fei J., Li Q., et al. Covalently assembled dipeptide nanospheres as intrinsic photosensitizers for efficient photodynamic therapy in vitro. Chemistry-A European Journal, 2016, 22(19): 6477-6481.

[12] Ge J., Lan M., Zhou B., et al. A graphene quantum dot photodynamic therapy agent with high singlet oxygen generation. Nature Communications, 2014, 5(1): 1-8.

[13] Ohkubo K. , Kohno N. , Yamada Y. , et al. Singlet oxygen generation from $Li^+@C_{60}$ nano-aggregates dispersed by laser irradiation in aqueous solution. Chemical Communications, 2015, 51(38): 8082-8085.

[14] Vankayala R. , Sagadevan A. , Vijayaraghavan P. , et al. Metal nanoparticles sensitize the formation of singlet oxygen. Angewandte Chemie International Edition, 2011, 50(45): 10640-10644.

[15] Bibb J. A. , Snyder G. L. , Nishi A. , et al. Phosphorylation of DARPP-32 by Cdk5 modulates dopamine signalling in neurons. Nature, 1999, 402(6762): 669-671.

[16] Lee H. , Dellatore S. M. , Miller W. M. , et al. Mussel-inspired surface chemistry for multifunctional coatings. Science, 2007, 318(5849): 426-430.

[17] Liu Y. , Ai K. , Liu J. , et al. Dopamine-melanin colloidal nanospheres: an efficient near-infrared photothermal therapeutic agent for in vivo cancer therapy. Advanced Materials, 2013, 25(9): 1353-1359.

[18] Dong Z. , Gong H. , Gao M. , et al. Polydopamine nanoparticles as a versatile molecular loading platform to enable imaging-guided cancer combination therapy. Theranostics, 2016, 6(7): 1031-1042.

[19] Chen Y. , Ai K. , Liu J. , et al. Polydopamine-based coordination nanocomplex for T1/T2 dual mode magnetic resonance imaging-guided chemo-photothermal synergistic therapy. Biomaterials, 2016, 77: 198-206.

[20] Li H. , Jia Y. , Wang A. , et al. Self-assembly of hierarchical nanostructures from dopamine and polyoxometalate for oral drug delivery. Chemistry-A European Journal, 2014, 20(2): 499-504.

[21] Li H. , Yan Y. , Gu X. , et al. Organic-inorganic hybrid based on co-assembly of polyoxometalate and dopamine for synthesis of nanostructured ag. Colloids and Surfaces A: Physicochemical and Engineering Aspects, 2018, 538: 513-518.

[22] Yu X. , Fan H. , Wang L. , et al. Formation of polydopamine nanofibers with the aid of folic acid. Angewandte Chemie International Edition, 2014, 53(46): 12600-12604.

[23] Fan H. , Yu X. , Liu Y. , et al. Folic acid-polydopamine nanofibers show enhanced ordered-stacking via π-π interactions. Soft Matter, 2015, 11(23): 4621-4629.

[24] Li H. , Zhao Y. , Jia Y. , et al. Covalently assembled dopamine nanoparticle as an intrinsic photosensitizer and pH-responsive nanocarrier for potential application in anticancer therapy. Chemical Communications, 2019, 55(100): 15057-15060.

[25] GhavamiNejad A. , Sasikala A. R. K. , Unnithan A. R. , et al. Mussel-inspired electrospun smart magnetic nanofibers for hyperthermic chemotherapy. Advanced Functional Materials, 2015, 25(19): 2867-2875.

[26] Swami A. , Reagan M. R. , Basto P. , et al. Engineered nanomedicine for myeloma and bone microenvironment targeting. Proceedings of the National Academy of Sciences, 2014, 111(28): 10287-10292.

[27] GhavamiNejad A. , SamariKhalaj M. , Aguilar L. E. , et al. pH/NIR light-controlled multidrug release via a mussel-inspired nanocomposite hydrogel for chemo-photothermal cancer therapy. Scientific Reports, 2016, 6(1): 1-12.

[28] Gao L. , Fei J. , Zhao J. , et al. Hypocrellin-loaded gold nanocages with high two-photon efficiency for photothermal/photodynamic cancer therapy in vitro. ACS Nano, 2012, 6(9): 8030-8040.

[29] Cao H. , Yang Y. , Qi Y. , et al. Intraparticle fret for enhanced efficiency of two-photon activated photodynamic therapy. Advanced Healthcare Materials, 2018, 7(12).

[30] Sasikala A. R. K. , GhavamiNejad A. , Unnithan A. R. , et al. A smart magnetic nanoplatform for synergistic anticancer therapy: manoeuvring mussel-inspired functional magnetic nanoparticles for ph responsive anticancer drug delivery and hyperthermia. Nanoscale, 2015, 7(43): 18119-18128.

[31] Zheng X. , Chen F. , Zhang J. , et al. Silica-assisted incorporation of polydopamine into the framework of porous nanocarriers by a facile one-pot synthesis. Journal of Materials Chemistry B, 2016, 4(14): 2435-2443.

[32] Zhang H. , Fei J. , Yan X. , et al. Enzyme-responsive release of doxorubicin from monodisperse dipeptide-based nanocarriers for highly efficient cancer treatment in vitro. Advanced Functional Materials, 2015, 25(8): 1193-1204.

[33] Wang X. L. , Zeng Y. , Zheng Y. Z. , et al. Rose bengal-grafted biodegradable microcapsules: singlet-oxygen generation and cancer-cell incapacitation. Chemistry - A European Journal, 2011, 17(40): 11223-11229.

[34] Butler M. F. , Ng Y. F. , Pudney P. D. Mechanism and kinetics of the crosslinking reaction between biopolymers containing primary amine groups and genipin. Journal of Polymer Science Part A: Polymer Chemistry, 2003, 41(24): 3941-3953.

[35] Li H. R. , Wu L. Z. , Tung C. H. Reactions of singlet oxygen with olefins and sterically hindered amine in mixed surfactant vesicles. Journal of the American Chemical Society, 2000, 122(11): 2446-2451.

[36] Wang M. , Cai X. , Yang J. , et al. A targeted and ph-responsive bortezomib nanomedicine in the treatment of metastatic bone tumors. ACS Applied Materials & Interfaces, 2018, 10(48): 41003-41011.

[37] Su J. , Chen F. , Cryns V. L. , et al. Catechol polymers for pH-responsive, targeted drug delivery to cancer cells. Journal of the American Chemical Society, 2011, 133(31): 11850-11853.

[38] Qin C. , Fei J. , Cui G. , et al. Covalent-reaction-induced interfacial assembly to transform doxorubicin into nanophotomedicine with highly enhanced anticancer efficiency. Physical Chemistry Chemical Physics, 2017, 19(35): 23733-23739.

[39] Qin C. , Fei J. , Cai P. , et al. Biomimetic membrane-conjugated graphene nanoarchitecture for light-manipulating combined cancer treatment in vitro. Journal of colloid and interface science, 2016, 482: 121-130.

[40] Cao H. , Wang L. , Yang Y. , et al. An assembled nanocomplex for improving both therapeutic efficiency and treatment depth in photodynamic therapy. Angewandte Chemie, 2018, 130(26): 7885-7889.

第7章 多巴胺与戊二醛共价组装制备纳米粒子及其抗肿瘤应用

7.1 引言

恶性肿瘤的特征之一是高度异质性，这种异质性导致了临床治疗的许多问题，如多药耐药、药物泄漏、治疗窗口狭窄等[1]。面对这些问题，纳米医学被作为一个新的诊疗平台应用于恶性肿瘤的诊断、检测与治疗[2-4]。利用纳米平台的优势，将现有的治疗方法有效整合起来，能够有效克服单一疗法的局限性，实现协同治疗癌症的效果。纳米技术辅助的组合疗法不仅可以控制药物释放，而且还能选择性地靶向病变组织，以及对外部或内部刺激做出反应[5-7]。根据肿瘤组织与正常组织之间的环境差异性，研究人员已经开发了多种基于 pH 响应性、温度响应性、酶响应性、氧化还原响应性等智能型纳米药物递送系统[8-10]。这些纳米载体在受到肿瘤微环境(如低 pH、还原性、高 H_2O_2、乏氧等)或者外部的刺激(如光、超声、磁场等)后，能够改变自身的形貌和表面物理化学性质释放药物分子或者启动药物分子的功能，从而提高药物抗肿瘤效果，同时降低毒副作用[11]。近年来，多巴胺基纳米材料由于具有强黏附性质、还原性、高反应性、光热转换能力和优异的生物相容性，已经被开发为多种药物载体，如纳米颗粒、胶囊、纳米管和胶束[12-16]。目前大多数多巴胺基纳米材料是基于共价自聚合和非共价自组装形成的聚多巴胺构建的[18-20]。为了丰富多巴胺基纳米材料的性质和功能，最近有一些研究致力于探索多巴胺与其他功能分子的共组装[21-25]。然而，能够智能响应外界刺激的多巴胺基共组装纳米材料的构建仍然是一个挑战[26, 27]。

动态化学键是一类可逆的共价键，它们在外界刺激(如 pH、光、热、力等)作用下处于可逆的断裂和重新形成的平衡[28-31]。目前，基于亚胺键、酰腙键、硼酸酯、肟、Diels-Alder 反应、二硫键、配位作用等动态化学键，研究人员已经开发了一系列智能纳米材料。其中，席夫碱键作为一种可逆的动态共价键，在生物化学和生物医药领域引起了广泛关注。1864 年，德国化学家 Schiff 首先发现并报道了席夫碱反应，这是一类含羰基的化合物与含氨基的化合物生成亚胺键(C ═N)的反应。席夫碱键对 pH 具有极强的敏感性，随着 pH 的降低，其稳定性逐渐降低。这种 pH 响应性在构建智能纳米药物递送系统方面具有很大的应用潜力。此外，利用席夫碱键连接制备的纳米材料具有自发荧光特性，有助于纳米材料在输送药物的同时进行生物示踪，避免了使用额外的染料分子对纳米载体进行标记，具有更高的安全性[27]。因此，将动态共价化学结合到多巴胺基纳米材料的组装提供了一种赋予材料刺激响应特性的新途径。

在本章中，我们通过多巴胺与戊二醛(Glutaric dialdehyde，GA)两组分的共价组装制备了单分散的纳米颗粒(DGNPs)。两组分反应形成动态共价键席夫碱键，使纳米粒子能够在酸性条件下可逆断裂，并且具有自发荧光特性，可作为 pH 响应性的药物输送载体应用于抗肿瘤治疗。进而，在纳米粒子自组装的过程中适应性封装阿霉素和光敏剂二氢卟吩 e6，制备集光动力疗法、化疗于一体的 DGNPs@ DOX/Ce6 纳米复合药物。并通过药物释放实验、体外细胞实验和活体实验评估该纳米复合物的抗肿瘤活性，如图 7-1 所示。

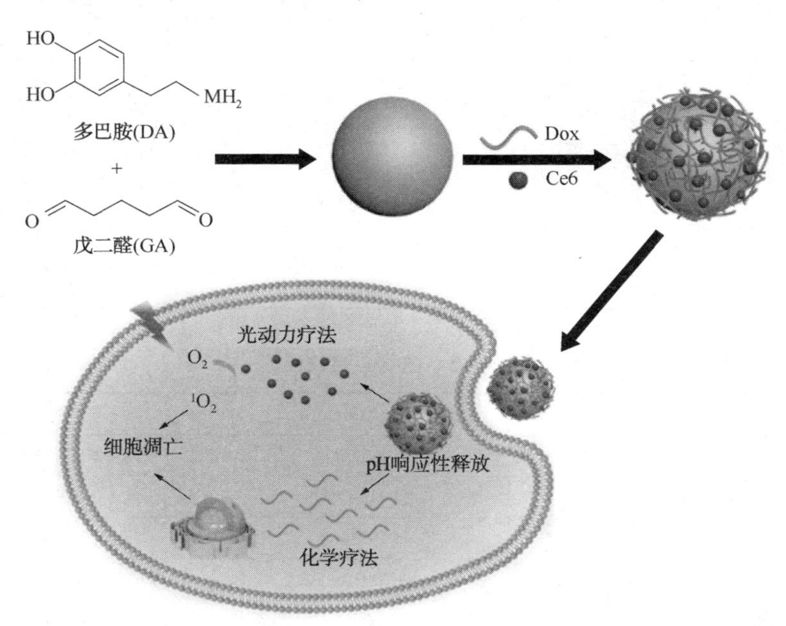

图 7-1　多巴胺与戊二醛共价组装纳米粒子 DGNPs、DGNPs@ DOX/Ce6 及其抗肿瘤机理示意图

7.2 实验研究

7.2.1 材料和仪器

本实验所用的主要试剂和仪器如表 7-1 和表 7-2 所示。

表 7-1 主要实验试剂

试剂名称	规格	生产厂家
多巴胺·盐酸盐	>98%	Sigma-Aldrich
戊二醛	25%	国药集团
阿霉素	>97%	Aladdin
二氢卟吩 e6	>98%	百灵威
ABDA	99%	Sigma-Aldrich
Alexa 488	99%	Dojindo
Hoechst 33342	>99.9%	Dojindo
钙黄绿素	95%	Sigma-Aldrich
碘化吡啶	95%	Sigma-Aldrich
CCK-8	98%	Dojindo
DMEM	99%	HyClone
FBS	>99.99%	HyClone
DMSO	分析纯	Sigma-Aldrich
NaOH	分析纯	北京化工

表 7-2 主要实验仪器

仪器名称	型号	生产厂家
扫描电子显微镜	S4800	HITACHI
透射电子显微镜	JEM-7700	JEOL
紫外分光光度计	UV-2600	SHIMADZU
傅立叶红外光谱仪	TENSOR-27	Bruker
超高效液相色谱-质谱联用仪	Ultimate 3000-LCQ Fleet	Thermo-Fisher
荧光光谱仪	F-4500	HITACHI
激光粒度仪	ZEN 3600	Malvern

续表

仪器名称	型号	生产厂家
激光器	660nm	Changchun Leishi
共聚焦荧光显微镜	FV-1000	Olympus
细胞培养箱	240i	Thermo
酶标仪	Multiskan FC	Thermo
小动物荧光成像仪	FX Pro	Kodak

7.2.2 DGNPs 纳米粒子的制备

配置 6mmol/L 多巴胺溶液和 0.12%戊二醛溶液，各取 0.5mL 于离心管，然后加入 0.1mol/L NaOH 溶液调节混合溶液的 pH 至 6.7，快速振荡混合，室温下 500r/min 振荡下反应。随着反应的进行，混合液浊度逐渐增加。继续反应至 24h，将悬浊液离心、水洗 3 次，收集产物，通过该方式制备的纳米粒子即为多巴胺基纳米粒子。

7.2.3 DGNPs@DOX/Ce6 纳米粒子的制备

配置 1mg/mL 的 DOX 水溶液和 1mg/mL 的 Ce6 水溶液。首先，根据第 7.2.2 节所述方法进行多巴胺和戊二醛溶液之间的反应。在反应至 2h 时，加入 50μL 的 DOX(1mg/mL)溶液和 50μL 的 Ce6(1mg/mL)溶液。继续反应至 24h，将所得悬浊液离心、水洗 3 次，收集产物，通过该方式制备的纳米粒子即为负载了化疗药物 DOX 和光敏剂 Ce6 的 DGNPs@DOX/Ce6 纳米复合物。封装效率(Encapsulation Efficiency，EE)按照式(7-1)进行计算[32]：

$$EE(\%)=\frac{total\ amount\ of\ drug-free\ amount\ of\ drug}{total\ amount\ of\ drug}\times 100\% \qquad (7-1)$$

7.2.4 DGNPs 的稳定性

取 100μL 的 DGNPs(1mg/mL)的悬浮液分别加入到 PBS、pH=6.0、pH=5.0 以及 pH=4.0 的 HCl 溶液中，放置 7 天，然后利用 SEM、TEM 观察样品的形貌变化。

7.2.5 化疗药物 DOX 的响应性释放

将制备的 DGNPs@DOX 分散在不同 pH(pH=7.2 和 pH=5.2)的 PBS 缓冲液中，在室温下 300r/min 持续振荡，每隔一段时间使用新的 PBS 缓冲液取代旧的

PBS，并保持总体积不变。紫外可见分光光度计测量上清液的吸光度，通过485nm处DOX的特征吸收值进行计算，得到化疗药物DOX的释放曲线。药物累积释放量的计算方法见第6.2.5节。

7.2.6 单线态氧的检测

使用ABDA作为化学探针对$^1O_2$进行检测。调节DGNPs@ DOX/Ce6溶液的浓度，使其在660nm处的吸光度为0.2左右，将25μL的ABDA检测剂(10mmol/L)加入到DGNPs@ DOX/Ce6的溶液中混合。然后用660nm的激光(500mW/cm^2)照射混合溶液，每隔2min测一次溶液的吸光度，根据ABDA特征吸收峰的衰减程度，监测$^1O_2$的产生情况。

7.2.7 细胞内吞与成像

将HeLa细胞接种在培养皿中，加入含10% FBS的DMEM培养基，置于37℃、含5%CO_2的培养箱中进行培养，24h后加入含有DGNPs(200μg/mL)的培养液共培养7h，PBS水洗2次除去过量的纳米粒子，更换新鲜培养基。然后加入10μL Hoechst 33342(1mg/mL)和10μL Alexa 488(1mg/mL)共孵育10min分别对细胞核和细胞膜进行染色，利用CLSM进行观察HeLa细胞内吞DGNPs的三维图像。

7.2.8 细胞毒性研究

将HeLa细胞接种到96孔细胞培养板上，细胞密度为1×10^4个/孔，每孔加入100μL培养液，24h后移去培养液，PBS清洗两遍后分别加入100μL含有不同浓度(100μg/mL、200μg/mL、300μg/mL、400μg/mL) DGNPs@ DOX/Ce6的培养液共培养7h，一组用660nm的激光(500mW/cm^2)照射5min，另一组在黑暗条件下作为对照，继续培养20h后检测其细胞毒性。此外还考察了不同处理条件下，对细胞活性的影响，将含有DGNPs、DGNPs@ DOX/Ce6、Ce6、DOX的培养液分别与细胞共培养。与DGNPs@ DOX/Ce6、Ce6共培养的细胞，一组进行光照处理，另一组无光照作为对照，24h后用CCK-8试剂盒测定细胞的存活率。细胞存活率计算公式：

$$\text{细胞存活率}(\%) = [(A_s-A_b)/(A_c-A_b)]\times100 \tag{7-2}$$

式中　A_s，A_b，A_c——实验组、空白组、对照组的吸光度数值。

利用激光共聚焦显微镜观察法进行细胞毒性实验测试，将HeLa细胞接种到共聚焦培养皿上，24h后分别加入含DGNPs、DGNPs@ DOX/Ce6(400μg/mL)的培养液共培养7h。用PBS清洗2遍，加入新的培养基，与DGNPs@ DOX/Ce6共培养的细胞一组用 660nm 激光($500mW/cm^2$)照射 5min 处理，另一组在黑暗条件下进行对照。将不同处理条件的细胞再培养 12h 后进行观察，加入 10μL 的 PI (1mg/mL) 和 10μL 的 Calcein-AM(20μg/mL) 共孵育 20min 对细胞进行标记，用 CLSM 进行图像采集。

7.2.9 小鼠活体抗肿瘤性能评估

选用 BALB/c 裸鼠(雌性，18~20g)作为动物模型，将 100μL 密度为 1.0×10^7 个/mL 的 MCF-7 细胞接种到小鼠右腿上方皮下。当肿瘤体积生长到 4~6mm 时，进行小动物成像实验。将含有 DGNPs@DOX/Ce6(每只小鼠 Ce6 的含量为 4mg/kg)纳米复合物的葡萄糖溶液静脉注射到小鼠体内。在不同的时间点，观察 DGNPs@DOX/Ce6 在小鼠体内的荧光分布。以 650nm 脉冲激光器激发，660~690nm 范围内收集荧光。在小鼠注射药物 48h 后，取出小鼠各器官进行体外观察。纳米复合物对荷瘤小鼠的抗肿瘤性能评估方案如下：

利用上述方法建立的荷瘤小鼠模型，分别设置 3 个实验组对小鼠进行给药：DGNPs@DOX/Ce6、DGNPs@DOX/Ce6+光照、空白对照组。对于光照实验组，对肿瘤部位进行 10min 光照处理(660nm，$300mW/cm^2$)。通过 9 天内持续测量肿瘤组织的体积和小鼠重量评估纳米药物的抗肿瘤治疗效果及生物相容性。

7.3 结果与讨论

7.3.1 纳米粒子的制备与形貌表征

将多巴胺和戊二醛的两种水溶液混合，加入 NaOH 调节反应的 pH 至 6.7。随着反应的进行，溶液初始为淡色，然后出现浅色浑浊，24h 后完全变为悬浊液，经过离心、水洗之后得到沉淀，即为 DGNPs 纳米粒子(图 7-2)。通过 SEM 对纳米粒子不同反应时间点的形貌进行观察，如图 7-3 所示，反应进行 30min

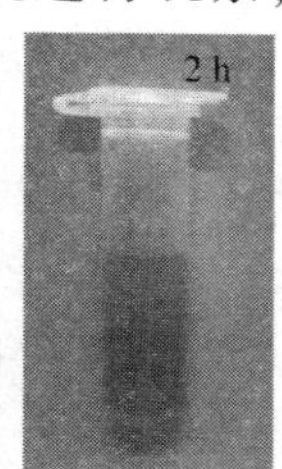

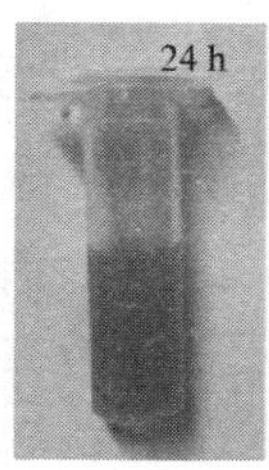

图 7-2　多巴胺和戊二醛共价组装纳米粒子随时间变化的光学图像

后，已经初步形成了球状结构；在反应6h的时候，纳米粒子基本形成，并且随着反应时间的增加；直至24h，纳米粒子经过不断老化，逐渐组装成表面光滑的纳米颗粒。

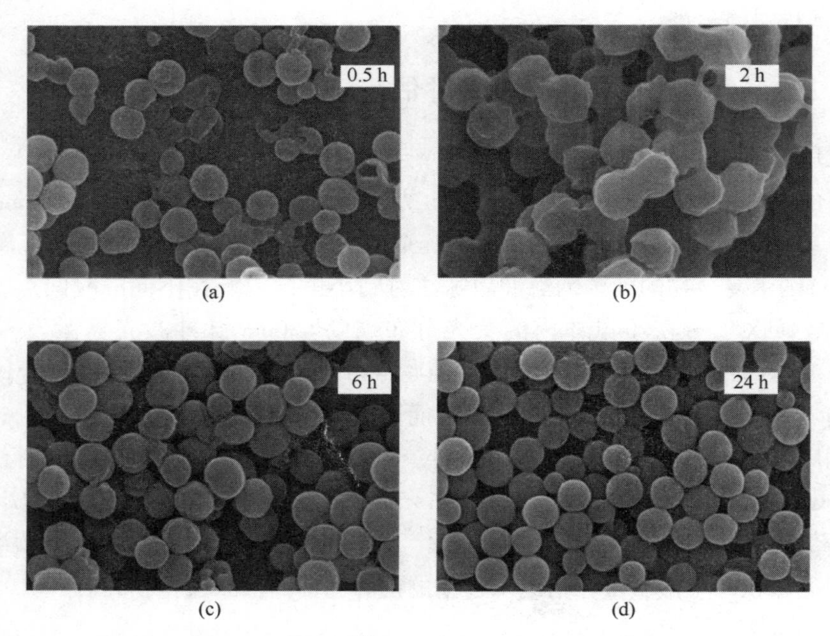

(a) (b) (c) (d)

图7-3 多巴胺和戊二醛共价组装纳米粒子不同反应时间SEM图像(标尺为300nm)

通过改变多巴胺和戊二醛的浓度对纳米粒子的尺寸进行调节。如图7-4(a)~图7-4(d)所示，当多巴胺的浓度由3mmol/L增加至6mmol/L，戊二醛的浓度由0.06%增加至0.12%时，SEM图像显示我们制备了粒径为180nm和280nm的单分散纳米粒子。TEM图像表明DGNPs是实心的纳米球。进一步利用动态光散射进行表征，如图7-4(e)和图7-4(f)所示，DLS的结果显示DGNPs的粒径分别为185nm和285nm，与SEM和TEM图像相吻合，两者的PDI值分别为0.104和0.157，说明纳米粒子粒径分布较窄，尺寸均一。上述结果表明，通过改变反应物的浓度可以方便地调控DGNPs粒径。

7.3.2 DGNPs组装机理分析

通过UV-Vis、FTIR、MS、CLSM等表征方法研究DGNPs粒子的化学组成，并推测其组装机理。如图7-5所示，DGNPs红外图谱中，在1651cm^{-1}处出现了新的吸收峰，这是多巴胺和戊二醛之间形成C═N键弱的伸缩振动峰[33]。在2934cm^{-1}处出现的吸收峰是席夫碱键中C—H键的伸缩振动峰[34-36]。并且，与多巴胺的红外图谱相比，1471cm^{-1}和1392cm^{-1}转变为1452cm^{-1}一个峰，这也是形成

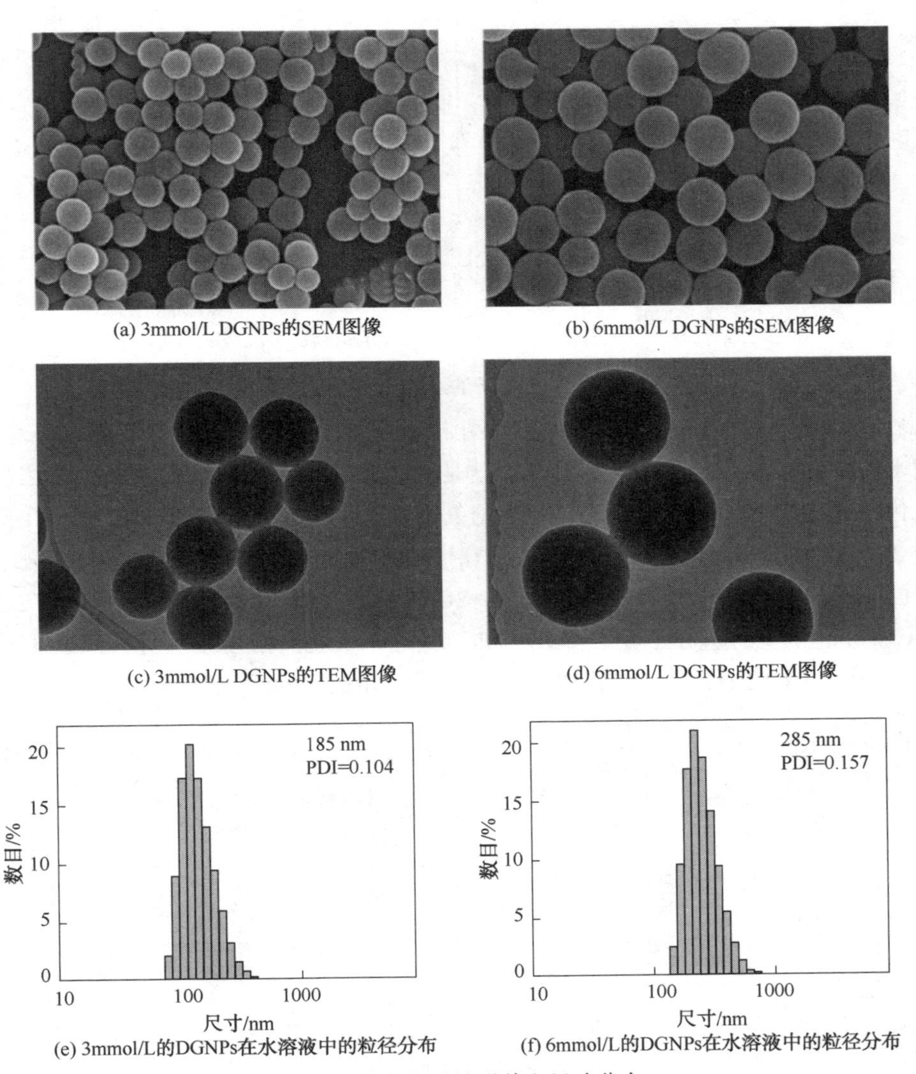

(a) 3mmol/L DGNPs的SEM图像　(b) 6mmol/L DGNPs的SEM图像

(c) 3mmol/L DGNPs的TEM图像　(d) 6mmol/L DGNPs的TEM图像

(e) 3mmol/L的DGNPs在水溶液中的粒径分布　(f) 6mmol/L的DGNPs在水溶液中的粒径分布

图 7-4　纳米粒子的形貌和尺寸分布

注：SEM 的标尺为 300nm，TEM 的标尺为 100nm

席夫碱键的有力证明[37]。这些特征峰说明多巴胺的氨基与戊二醛的醛基发生反应，多巴胺和戊二醛之间形成了席夫碱键。紫外可见吸收光谱显示多巴胺溶液的特征吸收在 280nm，戊二醛的特征吸收 233nm，而 DGNPs 在 300nm 出现新的吸收峰，并且在 420nm 出现了宽的吸收。这是由于多巴胺的氨基与戊二醛的醛基反应形成席夫碱键，其中 C ═N 的π-π^*跃迁导致的吸收峰红移[38]，进一步辅助证明二者之间发生了席夫碱反应。

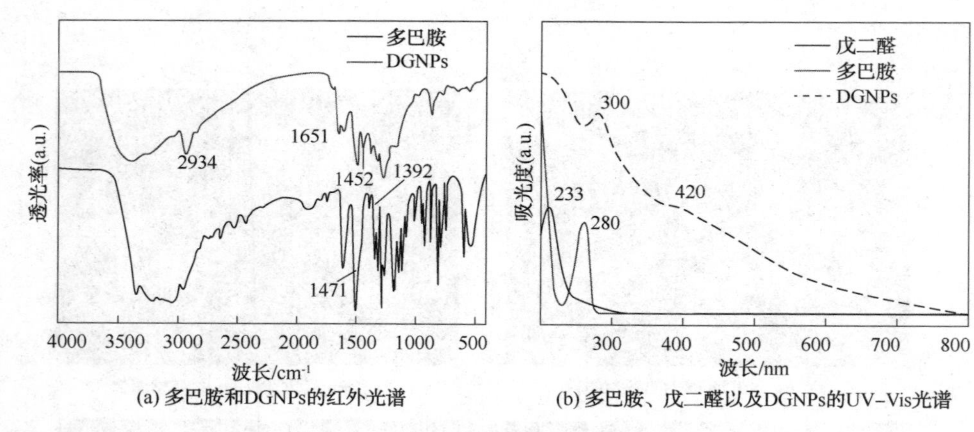

(a) 多巴胺和DGNPs的红外光谱　　(b) 多巴胺、戊二醛以及DGNPs的UV-Vis光谱

图 7-5　纳米粒子的红外光谱及紫外光谱

我们通过 LC-MS 质谱对 DGNPs 纳米粒子进行了分析。从图 7-6 可以看出，纳米粒子的质核比(m/z)为 435.23，这是多巴胺与戊二醛交联形成新分子之后质子化的峰。戊二醛的分子质量是 100.12，多巴胺的分子质量是 153.18，我们推断 2 分子的戊二醛通过羟醛缩合形成寡聚体[39]，然后戊二醛二聚体与 2 分子的多巴胺形成分子质量为 434.22 的 DA-2GA-DA 聚合产物(图 7-7)。DA-2GA-DA 通过进一步的超分子相互作用，如氢键、π-π堆积相互作用等，组装形成纳米粒子。纳米粒子的质谱结果进一步证实了上述推测的反应机理。

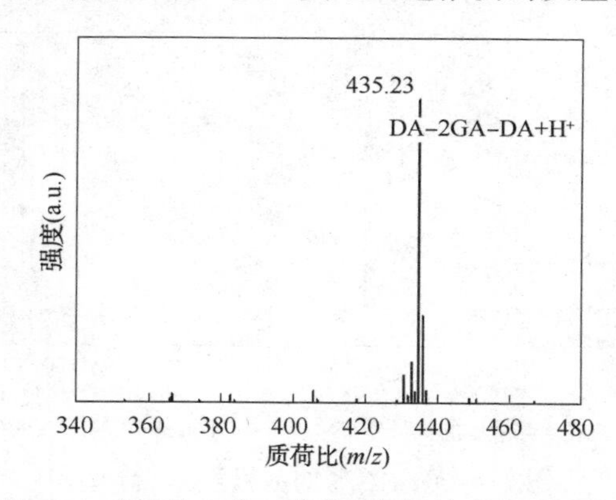

图 7-6　多巴胺和戊二醛共价组装纳米粒子质谱图

利用激光共聚焦显微镜检测 DGNPs 纳米粒子的自发荧光特性。分别利用波长为 405nm、488nm、559nm 的激光激发 DGNPs 粒子，采用对应的多通道收集荧光信号，蓝色通道(430～480nm)、绿色通道(500～550nm)、红色通道(590～640nm)。如图 7-8 所示，在三种激发光照射下，纳米粒子均呈现较强的荧光信号，表现出明显的自发荧光的特性。并且利用荧光光谱仪分析，当通过 400nm 激发波长激发时，DGNPs 在 440～600nm 范围内展现了一个宽的发射峰。这种自发

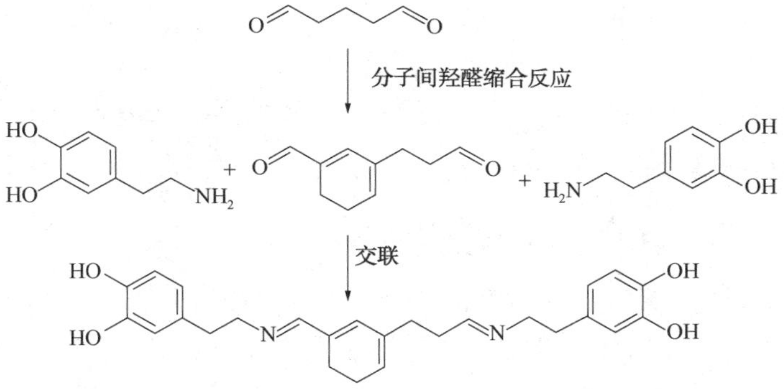

分子间羟醛缩合反应

交联

化学式：$C_{26}H_{30}N_2O_4$

图 7-7　多巴胺和戊二醛共价反应过程示意图

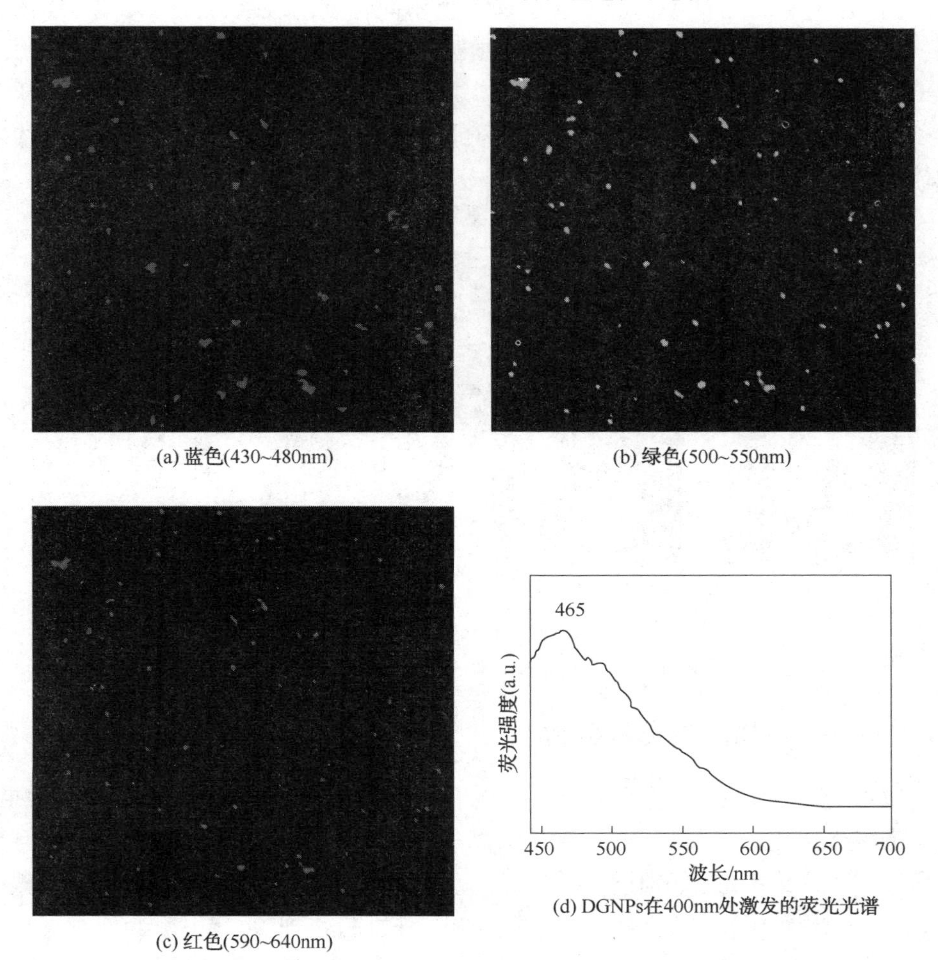

(a) 蓝色(430~480nm)

(b) 绿色(500~550nm)

(c) 红色(590~640nm)

(d) DGNPs在400nm处激发的荧光光谱

图 7-8　通过激光激发 DGNPs 粒子，多通道收集的 CLSM

荧光的现象是由不饱和的 C ═N 键的电子 $n-\pi^*$ 跃迁引起的，进一步辅证了席夫碱键的形成[40]。自发荧光的纳米粒子可以应用于纳米药物载体给药的跟踪，无需采用额外的荧光染料进行材料标记，克服了传统药物载体难于进行荧光标记、荧光物质泄漏以及难定量的问题[41]。

7.3.3 DGNPs 在不同环境中的稳定性

探索纳米材料在作为纳米载体的应用，首先需要研究纳米粒子在不同环境下的稳定性。因此，我们分别考察了 DGNPs 粒子在 PBS(pH＝7.2)、pH＝6、pH＝5、pH＝4 四种溶液中的稳定性。在上述溶液中保存 7 天，之后对其进行观察，如图 7-9 所示。结果表明，在 PBS 中性溶液中，DGNPs 保持着完整的形貌，但在不同 pH 的 HCl 溶液中，纳米粒子均发生不同程度的破裂，并且随着 pH 的降低，DGNPs 破裂越为严重。这是由于在酸性条件下，席夫碱键发生了断裂，因此 DGNPs 组装体发生了解体。鉴于肿瘤组织的微酸性环境，纳米粒子这种在中性条件下稳定、酸性条件下破裂的特性有助于其作为一种 pH 响应性的纳米药物载体应用于肿瘤治疗。

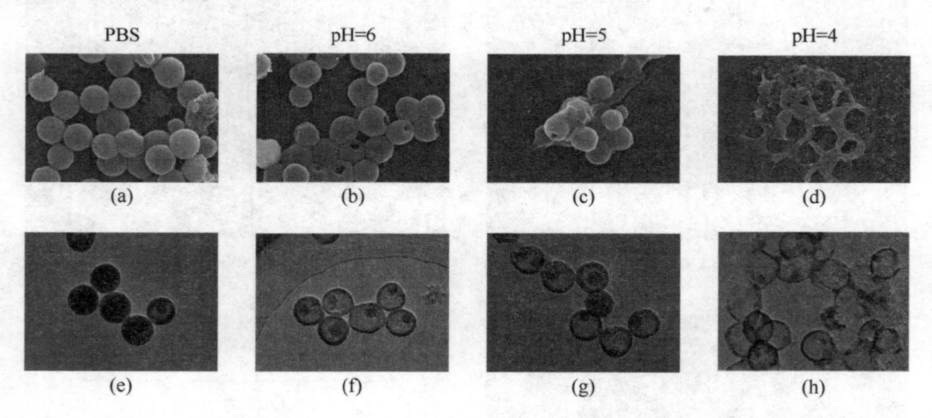

图 7-9 DGNPs 在 PBS、pH 6、pH 5、pH 4 不同溶液中孵育 7 天后的 SEM、TEM 图像(SEM 的标尺为 300nm，TEM 的标尺为 200nm)

7.3.4 药物的封装与释放

DOX 是一种具有广谱性抗癌效果的化疗药物，对多种肿瘤都有抑制效果，但是毒副作用比较强。Ce6 是一种单线态氧产率很高的光动力疗法光敏剂，但是疏水性强、易聚集的缺点限制了其广泛应用。以上述制备的 DGNPs 作为纳米药物载体，利用纳米粒子适应性封装的特性同时负载两种模型药物分子，DOX 和 Ce6。利用 UV-Vis 光谱进行分析，如图 7-10 所示，与 DOX 和 Ce6 的紫外吸收相比较，DGNPs@ DOX/Ce6 在 485nm 处的吸收峰增强，665nm 出现了新的吸收峰，证明了化疗药物 DOX 和光敏剂 Ce6 的成功负载。根据 DOX 和 Ce6 的标准曲线，计算得到 DOX 的封装率约为 95%，Ce6 封装率约为 50%。

我们分别采用 pH=7.2 和 pH=5.2 两种缓冲溶液分别模拟正常组织和肿瘤组织的微环境，对负载化疗药物的 DGNPs 纳米粒子的药物释放行为进行研究。在 pH=7.2 的中性溶液中，DOX 释放量较小；而在 pH=5.2 的酸性溶液中，DOX 在初始的 1h 内出现突然释放，此后缓慢释放。经过 14h 的释放研究，DOX 的累积释放量结果表明，pH=7.2 的环境下 DOX 只释放了 21%，而在 pH=5.2 环境下 DOX 基本完全释放。这一结果表明，DGNPs 具有 pH 响应释放药物的性能。与上述稳定性研究相一致，进一步证实了酸性条件下纳米粒子的解聚，同时释放药物分子，可以应用于针对肿瘤组织微酸性环境的药物输送。

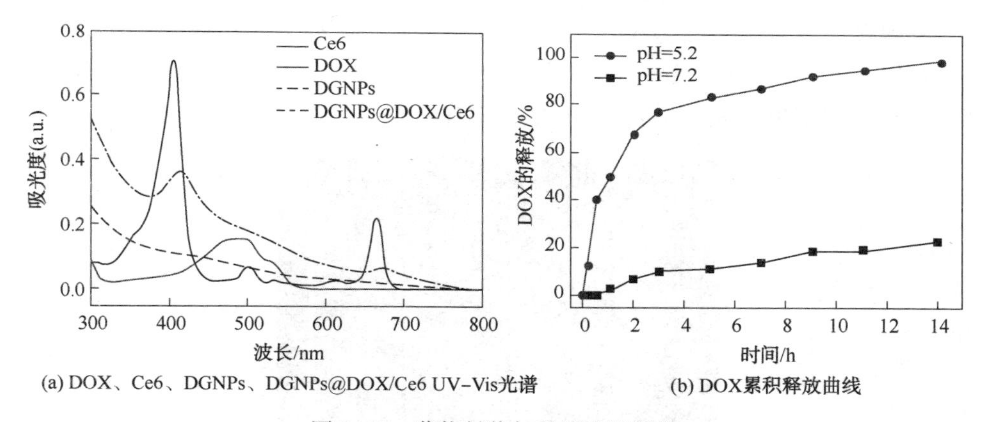

图 7-10 药物封装与释放性能研究

7.3.5 单线态氧的检测

为了对 DGNPs@ DOX/Ce6 纳米复合物的光动力治疗效果进行检测，我们采用 ABDA 化学探针对单线态氧进行检测。将 DGNPs@ DOX/Ce6 的溶液与 ABDA 混合，以 660nm(500mW/cm^2)的激光进行照射，每隔 2min 测量一次溶液的吸光度，如图 7-11 所示。随着 660nm 激光的照射，10min 内，溶液在 378nm 处的吸光度逐渐由 1.8 降低 1.2。实验结果证明，光敏剂 Ce6 被成功负载在 DGNPs 上，并且表现出优异的产生单线态氧的能力。

7.3.6 细胞内吞研究

采用激光共聚焦显微镜观察法研究 DGNPs 纳米粒子被 HeLa 细胞内吞的情况。如图 7-12 所示，细胞核经染色后呈现蓝色荧光，细胞膜经染色后呈现绿色

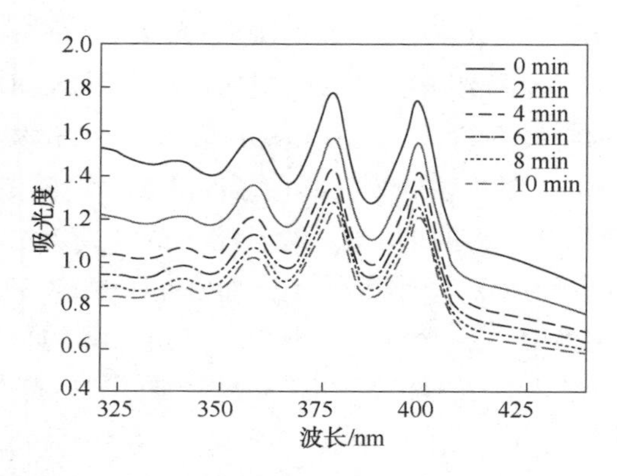

图 7-11　DGNPs@ DOX/Ce6 和 ABDA 混合液光照下随时间降解的 UV-Vis 光谱

荧光，DGNPs 由于自发荧光的特性呈现红色荧光。纳米粒子在与细胞共孵育 7h 后，共聚焦图片呈现了细胞核和细胞膜的特征荧光。利用 3D 重组图进行扫描，有大量纳米粒子出现在细胞质，并且呈现了明显的红色荧光，表明纳米粒子能够被 HeLa 细胞成功内吞，具有良好的生物相容性[42]。

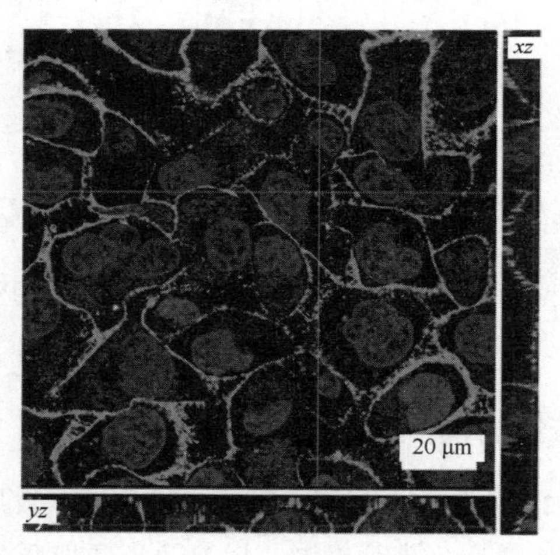

图 7-12　多巴胺和戊二醛共价组装纳米粒子细胞内吞 3D 图像

7.3.7　细胞毒性测试

利用 CCK-8 研究不同实验条件下的细胞活性。如图 7-13 所示，将 HeLa 细胞与 DGNPs@ DOX/Ce6 共孵育 7h 后，一组用 660nm 激光（500mW/cm^2）照射 5min，另一组不进行光照。未进行光照的实验组，随着纳米粒子的加入，表现出明显的 DOX 对肿瘤细胞的抑制作用。对于光照实验组，其细胞抑制效果明显优于未光照组，表现出化疗和光动力治疗的协同作用效果。此外，随着 DGNPs@

DOX/Ce6 浓度的不断增加，对肿瘤细胞产生的细胞毒性逐渐增强，呈现明显的纳米粒子浓度依赖性。如图 7-14 所示，对比 DGNPs、DOX、Ce6、DGNPs@DOX/Ce6 分别与 HeLa 细胞共培养的结果，DGNPs 对肿瘤细胞基本没有伤害，说明 DGNPs 纳米载体具有很好的生物相容性。DGNPs@ DOX/Ce6 在黑暗条件下对肿瘤细胞有 43%的抑制率，并且具有和单独 DOX 相当的杀伤效果，这是因为纳米载体在肿瘤微酸环境下将化疗药物 DOX 进行释放，对肿瘤细胞造成损伤。Ce6 在不进行光照的情况下不产生对肿瘤有杀伤作用的活性氧，单独的 Ce6 在光照条件下能够杀伤 46%的细胞，而 DGNPs@ DOX/Ce6 在光照条件对肿瘤细胞的杀伤率达到了 73%，说明在化疗药物 DOX 杀伤细胞的基础上，DGNPs 负载的光敏剂 Ce6 在光照条件下产生了具有细胞毒性的活性氧，进一步对肿瘤细胞造成了杀伤，二者具有良好的协同抗肿瘤效果。

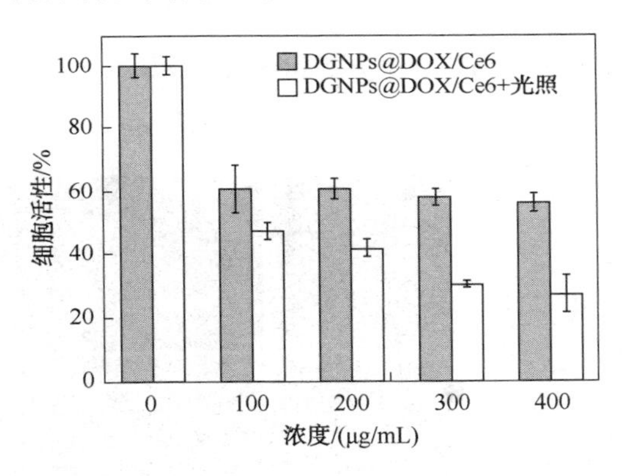

图 7-13　不同浓度 DGNPs@ DOX/Ce6 处理 HeLa 细胞的存活率

利用共聚焦显微镜图像观察，更加直观地证实纳米材料的抗肿瘤治疗效果。以空白细胞作为参比，将 DGNPs、DGNPs@ DOX/Ce6 与 HeLa 细胞进行共孵育，与 DGNPs@ DOX/Ce6 共培养的细胞一组用光照处理，另一组在黑暗条件下作为对照。使用 Calcein-AM 和 PI 染料分别对活细胞(绿色)和死细胞(红色)进行染色，如图 7-15 所示。与 DGNPs 共培养的细胞只呈现了绿色荧光，没有出现红色荧光，表明 DGNPs 具有良好的生物相容性。当细胞与 DGNPs@ DOX/Ce6 共培养之后，细胞呈现了明显的红色和绿色，表明纳米粒子释放的 DOX 对肿瘤细胞造成了一定的损伤。在此基础上，对 DGNPs@ DOX/Ce6 共培养的细胞进行光照，图像内只有红色荧光，几乎没有观察到绿色荧光，证明纳米复合物几乎杀死了全部肿瘤细胞。上述结果表明，在光照条件下，DGNPs@ DOX/Ce6 纳米复合物通过光敏剂 Ce6 引起的光动力治疗与化疗协同作用，对肿瘤细胞产生了强烈的杀伤效果。

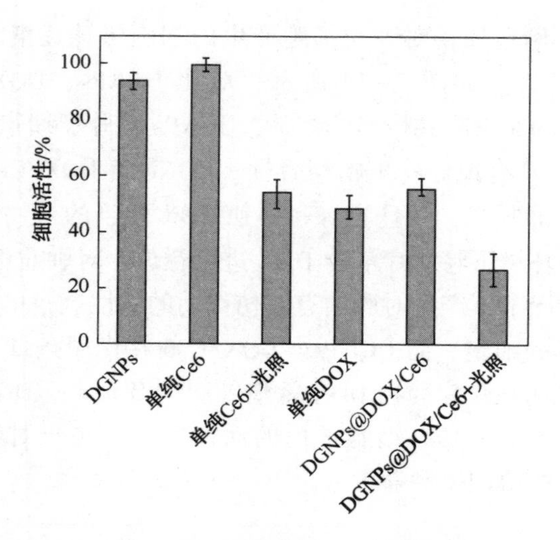

图 7-14　DGNPs、Ce6、DOX、DGNPs@ DOX/Ce6 不同条件下 HeLa 细胞的存活率

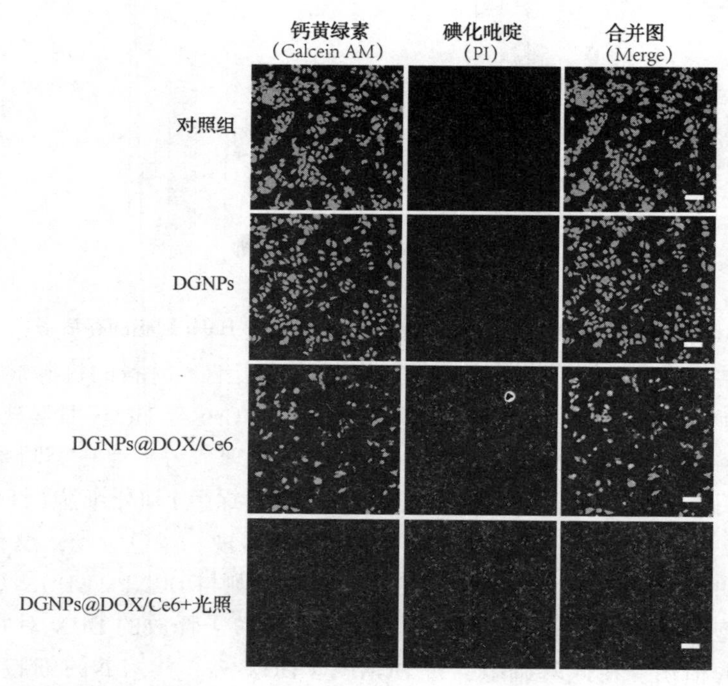

图 7-15　不加药物组、DGNPs、DGNPs@ DOX/Ce6 不光照以及 DGNPs@ DOX/Ce6 光照 5min 不同条件处理 HeLa 细胞共孵育 12h 后的 CLSM 图像(Calcein-AM 标记活细胞 PI 标记死细胞，图像标尺为 100μm

7.3.8 DGNPs@DOX/Ce6 的活体抗肿瘤性能

鉴于 DGNPs@ DOX/Ce6 纳米复合物在体外细胞实验所表现的良好的抗肿瘤治疗效果，我们进一步评估了 DGNPs@ DOX/Ce6 纳米复合物的活体内抗肿瘤活性。首先，利用小动物荧光成像研究 DGNPs@ DOX/Ce6 纳米复合物在小鼠体内的分布情况。如图 7-16(a)所示，由于 EPR 效应，DGNPs@ DOX/Ce6 纳米复合物可以在注射 4h 后选择性地聚积在肿瘤部位。此外，该复合物在肿瘤部位显示持续 48h 的荧光，表明药物在肿瘤组织中的滞留增强效应。同时体外各器官荧光成像也证实了 DGNPs@ DOX/Ce6 纳米复合物在肿瘤组织的聚积(图 7-17)。

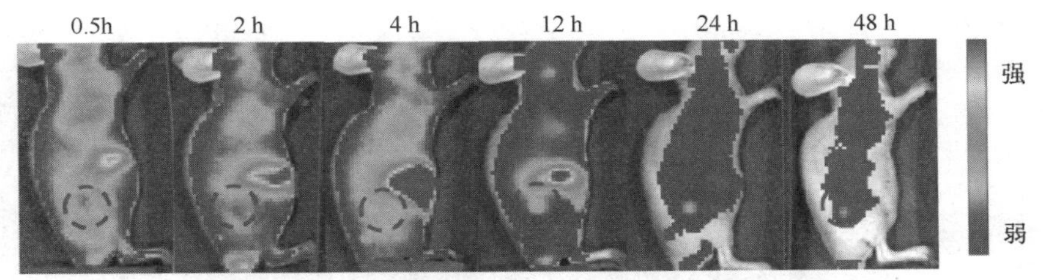

(a) DGNPs@DOX/Ce6复合物在荷瘤小鼠体内的分布(深色标记位置是肿瘤部位)

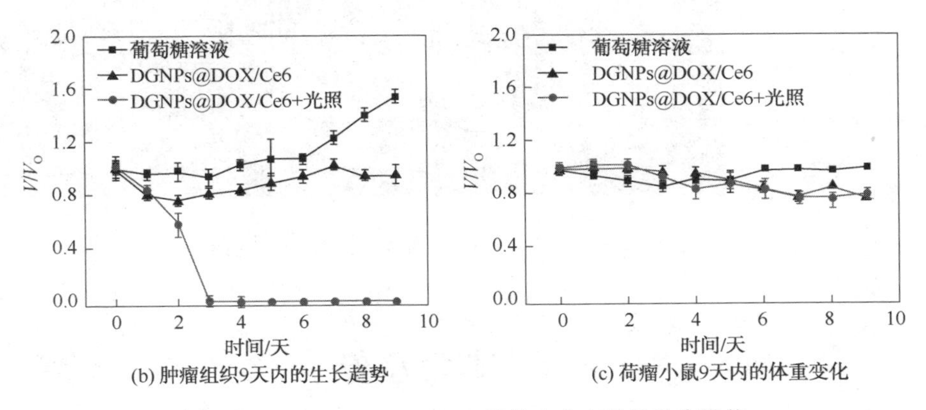

(b) 肿瘤组织9天内的生长趋势

(c) 荷瘤小鼠9天内的体重变化

图 7-16 DGNPs@ DOX/Ce6 的体内分布及抗肿瘤性能

对小鼠的治疗效果显示，单纯使用 DGNPs@ DOX/Ce6 纳米复合物治疗的小鼠的肿瘤首先是被轻微抑制，然后由于 DOX 的消耗殆尽而逐渐长大[图 7-16(b)和图 7-18]。相比之下，经过光照处理的实验组，用 DGNPs@ DOX/Ce6 纳米复合物治疗的肿瘤被明显抑制并几乎完全根除[图 7-16(b)和图 7-18]，主要是在激光照射下化疗和光动力治疗的协同作用。在观察时间段内，三组小鼠的体重几乎都没有明显变化[图 7-16(c)]，这进一步证明 DGNPs@ DOX/Ce6 纳米复合物具有良好的生物相容性。

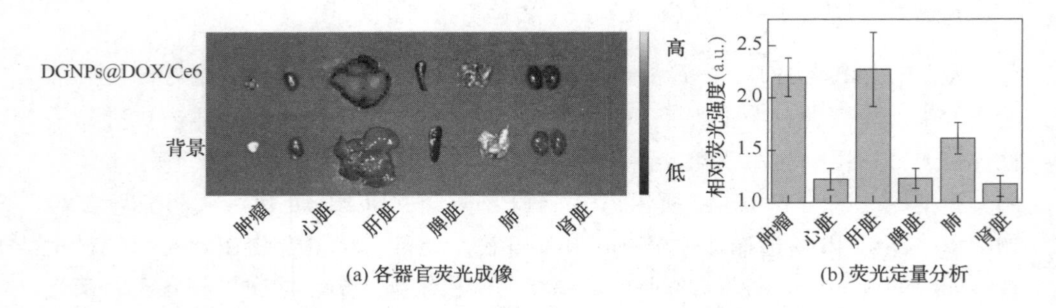

图 7-17　小鼠在注射 DGNPs@ DOX/Ce6 纳米复合物 48h 后的体外器官荧光成像

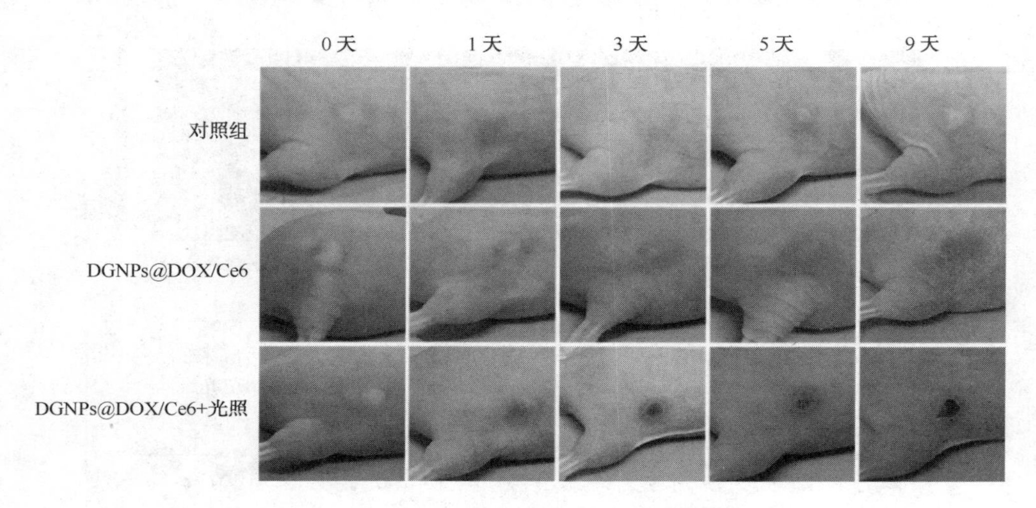

图 7-18　在不同时间点进行各种处理后的小鼠的照片

7.4　本章小结

在本章中，以多巴胺和戊二醛为构筑基元，二者之间通过动态共价键进行组装制备尺寸可调的、单分散的纳米粒子。该纳米粒子具有显著的自荧光特性和良好的生物相容性，并且在酸性条件下响应性解组装。在纳米粒子上进一步负载化疗药物 DOX 和光敏剂 Ce6，制备 DGNPs@ DOX/Ce6 纳米复合物。纳米复合物在酸性条件下能够响应性释放化疗药物，而且能够在光照下产生单线态氧进而应用于光动力治疗。细胞实验表明纳米复合物能够有效被 HeLa 细胞内吞，并且与单独 DOX 和 Ce6 作用效果相比，纳米复合物表现出光动力疗法与化疗的协同治疗效果。小鼠活体抗肿瘤实验进一步验证了纳米复合物的联合治疗效果。该研究不仅为多巴胺的组装提供了新的途径，丰富了多巴胺基材料的多样性，也为其在高效抗癌治疗中的应用提供了新的参考。

参 考 文 献

[1] Shrestha B. , Tang L. , Romero G. Nanoparticles-mediated combination therapies for cancer treatment. Advanced Therapeutics, 2019, 2(11).

[2] Siddique S. , Chow J. C. Gold nanoparticles for drug delivery and cancer therapy. Applied Sciences, 2020, 10(11): 3824.

[3] Li J. , Xing R. , Bai S. , et al. Recent advances of self-assembling peptide-based hydrogels for biomedical applications. Soft Matter, 2019, 15(8): 1704-1715.

[4] Guan Q. , Zhou L. L. , Li W. Y. , et al. Covalent organic frameworks (COFs) for cancer therapeutics. Chemistry-A European Journal, 2020, 26(25): 5583-5591.

[5] Adir O. , Poley M. , Chen G. , et al. Integrating artificial intelligence and nanotechnology for precision cancer medicine. Advanced Materials, 2020, 32(13).

[6] Wong X. Y. , Sena-Torralba A. , Alvarez-Diduk R. , et al. Nanomaterials for nanotheranostics: tuning their properties according to disease needs. ACS Nano, 2020, 14(3): 2585-2627.

[7] Iravani S. , Varma R. S. Green synthesis, biomedical and biotechnological applications of carbon and graphene quantum dots. A review. Environmental Chemistry Letters, 2020, 18 (3): 703-727.

[8] Dai Y. , Xu C. , Sun X. , et al. Nanoparticle design strategies for enhanced anticancer therapy by exploiting the tumour microenvironment. Chemical Society Reviews, 2017, 46 (12): 3830-3852.

[9] Gao Z. , He T. , Zhang P. , et al. Polypeptide-based theranostics with tumor-microenvironment-activatable cascade reaction for chemo-ferroptosis combination therapy. ACS Applied Materials & Interfaces, 2020, 12(18): 20271-20280.

[10] Zhang Y. M. , Liu Y. H. , Liu Y. Cyclodextrin-based multistimuli-responsive supramolecular assemblies and their biological functions. Advanced Materials, 2020, 32(3).

[11] Mura S. , Nicolas J. , Couvreur P. Stimuli-responsive nanocarriers for drug delivery. Nature Materials, 2013, 12(11): 991-1003.

[12] Lee H. , Dellatore S. M. , Miller W. M. , et al. Mussel-inspired surface chemistry for multifunctional coatings. Science, 2007, 318(5849): 426-430.

[13] Lee H. A. , Ma Y. , Zhou F. , et al. Material-independent surface chemistry beyond polydopamine coating. Accounts of Chemical Research, 2019, 52(3): 704-713.

[14] Hong S. , Schaber C. F. , Dening K. , et al. Air/water interfacial formation of freestanding,

stimuli-responsive, self-healing catecholamine janus-faced microfilms. Advanced Materials, 2014, 26(45): 7581-7587.

[15] Dong Z., Feng L., Hao Y., et al. Synthesis of hollow biomineralized $CaCO_3$-polydopamine nanoparticles for multimodal imaging-guided cancer photodynamic therapy with reduced skin photosensitivity. Journal of the American Chemical Society, 2018, 140(6).

[16] Kumar A., Kumar S., Rhim W. K., et al. Oxidative nanopeeling chemistry-based synthesis and photodynamic and photothermal therapeutic applications of plasmonic core-petal nanostructures. Journal of the American Chemical Society, 2014, 136(46).

[17] Xie C., Wang X., He H., et al. Mussel-inspired hydrogels for self-adhesive bioelectronics. Advanced Functional Materials, 2020, 30(25).

[18] Liu Y., Ai K., Liu J., et al. Dopamine-melanin colloidal nanospheres: an efficient near-infrared photothermal therapeutic agent for in vivo cancer therapy. Advanced Materials, 2013, 25(9): 1353-1359.

[19] Della Vecchia N. F., Avolio R., Alfè M., et al. Building-block diversity in polydopamine underpins a multifunctional eumelanin-type platform tunable through a quinone control point. Advanced Functional Materials, 2013, 23(10): 1331-1340.

[20] Hong S., Na Y. S., Choi S., et al. Non-covalent self-assembly and covalent polymerization co-contribute to polydopamine formation. Advanced Functional Materials, 2012, 22(22): 4711-4717.

[21] Amin D. R., Higginson C. J., Korpusik A. B., et al. Untemplated resveratrol-mediated polydopamine nanocapsule formation. ACS Applied Materials & Interfaces, 2018, 10(40).

[22] Yu X., Fan H., Wang L., et al. Formation of polydopamine nanofibers with the aid of folic acid. Angewandte Chemie International Edition, 2014, 53(46).

[23] Li H., Jia Y., Wang A., et al. Self-assembly of hierarchical nanostructures from dopamine and polyoxometalate for oral drug delivery. Chemistry-A European Journal, 2014, 20(2): 499-504.

[24] Ding T., Xing Y., Wang Z., et al. Structural complementarity from DNA for directing two-dimensional polydopamine nanomaterials with biomedical applications. Nanoscale Horizons, 2019, 4(3): 652-657.

[25] Wang Y., Wu Y., Li K., et al. Ultralong circulating lollipop-like nanoparticles assembled with gossypol, doxorubicin, and polydopamine via π-π stacking for synergistic tumor therapy. Advanced Functional Materials, 2019, 29(1).

[26] Zou H., Hai Y., Ye H., et al. Dynamic covalent switches and communicating networks for tunable multicolor luminescent systems and vapor-responsive materials. Journal of the American Chemical Society, 2019, 141(41): 16344-16353.

[27] Jia Y., Li J. Molecular assembly of schiff base interactions: construction and application.

Chemical reviews, 2015, 115(3): 1597-1621.

[28] 陈兴幸，钟倩云，王淑娟，等. 动态共价键高分子材料的研究进展[J]. 高分子学报，2019，50(5)：469-484.

[29] Li W. , Peng J. , Tan L. , et al. Mild photothermal therapy/photodynamic therapy/chemotherapy of breast cancer by Lyp-1 modified Docetaxel/IR820 Co-loaded micelles. Biomaterials, 2016, 106: 119-133.

[30] Wang T. , Zhang L. , Su Z. , et al. Multifunctional hollow mesoporous silica nanocages for cancer cell detection and the combined chemotherapy and photodynamic therapy. ACS Applied Materials & Interfaces, 2011, 3(7): 2479-2486.

[31] Li H. , Zhao Y. , Jia Y. , et al. Covalently assembled dopamine nanoparticle as an intrinsic photosensitizer and pH-responsive nanocarrier for potential application in anticancer therapy. Chemical Communications, 2019, 55(100): 15057-15060.

[32] Ma K. , Xing R. , Jiao T. , et al. Injectable self-assembled dipeptide-based nanocarriers for tumor delivery and effective in vivo photodynamic therapy. ACS Applied Materials & Interfaces, 2016, 8(45).

[33] Vieira E. F. , Cestari A. R. , Santos E. d. B. , et al. Interaction of Ag（Ⅰ）, Hg（Ⅱ）, and Cu（Ⅱ）with 1, 2-ethanedithiol immobilized on chitosan: thermochemical data from isothermal calorimetry. Journal of Colloid and Interface Science, 2005, 289(1): 42-47.

[34] Zhang H. , Fei J. , Yan X. , et al. Enzyme-responsive release of doxorubicin from monodisperse dipeptide-based nanocarriers for highly efficient cancer treatment in vitro. Advanced Functional Materials, 2015, 25(8): 1193-1204.

[35] Li S. , Liu Y. , Xing R. , et al. Covalently assembled dipeptide nanoparticles with adjustable fluorescence emission for multicolor bioimaging. ChemBioChem, 2019, 20(4): 555-560.

[36] Du C. , Zhao J. , Fei J. , et al. Assembled microcapsules by doxorubicin and polysaccharide as high effective anticancer drug carriers. Advanced healthcare materials, 2013, 2(9): 1246-1251.

[37] Wang J. , Fu W. , Zhang D. , et al. Evaluation of novel alginate dialdehyde cross-linked chitosan/calcium polyphosphate composite scaffolds for meniscus tissue engineering. Carbohydrate Polymers, 2010, 79(3): 705-710.

[38] Wei W. , Yuan L. , Hu G. , et al. Monodisperse chitosan microspheres with interesting structures for protein drug delivery. Advanced Materials, 2008, 20(12): 2292-2296.

[39] Migneault I. , Dartiguenave C. , Bertrand M. J. , et al. Glutaraldehyde: behavior in aqueous solution, reaction with proteins, and application to enzyme crosslinking. Biotechniques, 2004, 37(5): 790-802.

[40] Jia Y. , Fei J. , Cui Y. , et al. pH-responsive polysaccharide microcapsules through covalent bonding assembly. Chemical Communications, 2011, 47(4): 1175-1177.

[41]Wei W. , Wang L-Y. , Yuan L. , et al. Preparation and application of novel microspheres possessing autofluorescent properties. Advanced Functional Materials, 2007, 17(16): 3153-3158.
[42] Li H. , Zhao J. , Wang A. , et al. Supramolecular assembly of protein-based nanoparticles based on tumor necrosis factor-related apoptosis-inducing ligand (TRAIL) for cancer therapy. Colloids and Surfaces A: Physicochemical and Engineering Aspects, 2020, 590.